천천히 키워야
크게 자란다

천천히 키워야 크게 자란다

김영숙 지음

북하우스

살아 있는 교육은 자연스러운 흐름입니다

지난여름, 아들 현이가 대학 입학을 위해 집을 떠나면서 나와 남편에게 큰절을 올렸다. 아이는 "그동안 자유롭게 잘 키워주셔서 감사드린다"라고 이야기하며 우리를 꼭 안아주었다. 곧 스무 살이 될 아이의 품은 너르고 깊었다. 나는 "현아, 특히 어떤 점에서 감사하다는 거니?" 하고 물었다. "우리한테 공부해라 뭐 해라 강요하지 않고 스스로 알아서 하게끔 자유롭게 해주셨잖아요. 그게 제일 감사해요."

흔히 '아이비리그'라 불리는 대학에 입학한 두 남매 덕분에 지금의 나와 내 남편은 부끄럽게도 자식 농사 잘했다는 말을 종종 듣곤 한다. 하지만 아이들이 어렸을 적에는 주위 사람들로부터 "그래 가지고 대학에 어떻게 보낼 거냐", "취직은 어떻게 시키려고 그러느냐" 같은 수많은 걱정을 들어왔다. 작은아이는 '초등 재수생'이었고(초등학교를 1년 늦게 들어갔다), 두 아이 모두 초등학교 3학년이 되어서야 비로소 글자를 읽고 쓰게 되었으니 주변의 따가운 눈총들을 이해할 만도 하다.

속도의 차이는 있었지만 두 남매는 이제 부모의 손길을 필요로 했던 어린아이에서 자신의 선택으로 삶을 스스로 꾸려나갈 수 있는 어른이 되어, 더 넓은 세상으로 나아갈 준비를 하고 있다. 지금의 모습에 이르기까지 애써 바라고 힘주어 말하지 않았음에도 그렇게 커준 아이들에게 내가 오히려 감사한 마음이 든다.

나는 살아 있는 교육이란 물이 높은 곳에서 낮은 곳으로 흘러 내를 이루고 강을 이루는 것처럼 자연스럽게 흘러가는 것이어야 한다고 생각한다. 아이들이 그저 건강하게 자라길 바라는 마음과 더불어 부모가 자신의 삶을 하루하루 충실히 살아간다면, 부모의 그러한 마음과 삶의 태도가 물이 흐르듯 자연스럽게 아래로, 다음 세대로 흘러갈 것이라고 믿는다. 자신도 하지 못한 것, 하기 싫은 것을 아이들에게 바란다는 것이 얼마나 허망한 일인지 우리 부부는 잊지 않고자 했다.

우리 부부가 선택한 교육의 목표는 아이들이 '일류 대학에 가는 것'에 있지 않았다. 다만 자신이 좋아하는 일을 하며, 이웃과 더불어 살아갈 줄 알고, 제 몫을 해내며 자립해서 살아갈 수만 있으면 좋겠다고 여겼다. 바라는 바가 소박했기에 키울 때도 소박하게 키웠다. 아이들이 그저 잘 자고, 잘 먹고, 잘 노는 일을 가장 중요하게 생각했다. 원 없이 뛰놀게 했고, 거리를 두고 지켜봐주었다.

내가 애를 쓴 것이 하나 있다면 이제는 스무 살이 넘은 딸의 친구들이 나를 '자기 집에서는 금지된 놀이를 유일하게 하게 해줬던 재미있고 독특한 엄마'로 기억할 정도로 아이들에게 간섭과 개입을 하지 않으려고 했던 것이다.

지난 2년 동안 그간의 삶의 터전이었던 미국을 떠나 '대한민국 사교육 1번지' 대치동에서 생활하면서 대한민국 교육의 실상을 가까이에서 볼 수 있었다. 서너 살 아이들이 읽고 쓰기를 배우고, 초등학교 4학년부터 사실상 입시를 위한 선행학습에 처해 있는 상황들이 안타깝기만 했다.

하지만 그 안의 아이들은 어떤 모습인가. 그저 뛰고 또 뛰다가 지친 마음과 빈손으로 레이스를 마감해야 하는 대다수의 청소년들은 말할 것도 없고, 선착순 통과만을 목적으로 적성에도 맞지 않는 진로를 선택한 아이들 또한 대학 졸업 이후 사정은 썩 밝지 않다.

건강한 대안이 부재한 탓에 내 아이만 도태되고 낙오자가 될지도 모른다는 두려움은 점차 커진다. 결국 남들이 가는 길을 안정적이라 믿고 따라가는 게 현실이다. 우리 사회가 살아나기 위해서는 교육의 혁신이 필요하다. 나는 한국의 교육적 상황을 보면서 내가 지난 20여 년간 경험한 발도르프 교육이 지향하는 바가 그 변화에 도움이 될 것이라고 생각한다.

20세기 초 독일에서 시작된 발도르프 교육은 주입식 위주의 전통적인 학교 교육에 반하여 아이들 스스로가 전인적인 인간으로 성장할 수 있는 내면의 힘이 있음을 믿고, 자연과 예술과 학문의 조화로운 학습을 중요하게 생각한 일종의 대안교육이다. 이 교육에서 부모와 선생님의 역할은 무언가를 '가르치는 사람'이 아니다. 대신 아이들마다 독특하게 타고난 기질과 잠재력을 아이들 스스로 발견하고 실현해낼 수 있도록 옆에서 도와주는 조력자의 역할을 하게 한다.

실제로 내가 미국에서 만난 발도르프 교육은 아이들을 언제나 배움의 주체로 존중하는 점이 인상적이었다. 또한 지역사회와의 나눔과 교류도 배움의 중요한 과정으로 여겨졌다. 나는 아이를 전인적으로 키우기 위해서 자녀를 꼭 발도르프 교육기관에 보내야 한다고 생각하지는 않는다. 대신 가정에서나 일반 공교육 시스템 안에서도 발도르프 교육의 가치와 좋은 방식들을 유연하게 적용하고 활용할 수 있다고 생각한다.

책 속에는 그런 바람을 담아 가정에서도 충분히 시도해볼 수 있는 자연주의 놀이나 참고할 만한 양육의 팁을 '가능성을 믿어주는 교육', '삶의 리듬을 회복하는 교육', '기질을 존중하는 교육', '감각을 열어주는 교육'으로 나누어 풀어보았다. 책 속의 내용을 바탕으로 독자들이 스스로 자유롭게 상상의 날개를 달아 더욱 다양한 방식으로 펼쳐나가길 희망한다.

이 자리를 빌려 크래프트 빌리지에서 그동안 함께 해온 부모님, 선생님, 아이 들에게 감사한 마음을 전한다. 새로운 교육문화를 실험해온 그 공간은 준비 과정에서부터 지금에 이르기까지 뜻과 마음, 정성을 모아준 많은 사람들의 도움 없이는 결코 불가능했다.

나는 이 책이 독자들에게 '다르게 살기'를 알려주는 책이기를 바란다. '이런 식의 교육도 가능하구나' 하고 젊은 부모들이 교육의 새로운 길을 모색할 수 있도록 안내해주는 책이기를 소망한다. 불안한 마음에 남들이 하는 교육 방식을 답습하고 따라하는 것이 아니라, 내 아이의 성장속도를 외면하지 않는 자연스럽고, 소박하고, 편안한 육아를 하고자 하는 부모들에게 나와 우리 아이들이 체험했던 경험들이 조금이나마 용기를 북돋워줄 수 있기를 바란다.

● 추천의 글

아이를 키움에 있어 기다림의 자세는 꼭 필요합니다

라히마 볼드윈 댄시
(발도르프 아동 교육가, 『당신은 당신 아이의 첫 번째 선생님입니다』의 저자)

한국의 독자들에게

김영숙 씨로부터 자녀교육에 관한 책을 준비 중이라는 소식을 들었을 때 매우 기뻤습니다. 나는 그녀의 멘토로서 '라이프웨이스' 영유아 통합교육 프로그램을 통해 인연을 맺었습니다. 미국에서 아시아계 어머니들은 흔히 '타이거 맘'의 이미지를 갖고 있는데, 두 남매를 대하는 느긋하고 여유 있는 그녀의 태도가 나에게 매우 인상적으로 다가왔습니다.

김영숙 씨는 루돌프 슈타이너의 아동발달과 교육 이론에 대해 오랫동안 공부했고, 발도르프 유치원에서 선생님으로도 일했습니다. 나는 그녀가 '블리스풀 패밀리(Blissful Family, 더없이 행복한 가족)'라는 문화공간을 운영하며 지역사회와 함께 다양한 프로그램을 진행하는 활동에 큰 감명을 받았습니다. 또한 미국에서 배우고 경험한 것을 바탕으로 한국에서 발도르프 교육의 현지화를 위해 일한다는 소식을 듣고 매우 자랑스러웠습니다. 나는 이 책을 통해 김영숙 씨가 나누는 교육적 통찰이 아이들뿐만이 아니라 부모, 조부모, 선생님 등 아이를 키우는 많은 사람들의 삶 또한 풍부하게 변화시킬 수 있는 기회를 줄 것이라고 믿습니다.

한국의 교육은 대학 입학에 전적으로 초점을 맞추고 있어 많은 아이들이 시험과 성적의 압박으로 인해 엄청난 스트레스를 받고 있다고 들었습니다. 미국도 이런 사정은 별반 다르지 않아, 많은 어린아이들이 자유놀이를 하기보다는 너무 일찍부터 인지 중심의 교육을 시작하는 안타까운 현실에 직면해 있습니다.

사회의 변화가 가속되는 상황에서 아이들이 현실의 도전에 창의적으로 대응할 수 있도록 어른들은 아이들을 재촉하지 말고 속도를 늦추고 침착해져야만 합니다. 아이들 저마다의 특성을 이해하고 존중해주기 위해서는 무엇보다 기다림의 자세가 필요하다는 저자의 교육적 통찰에 응원을 보냅니다. 나는 이 책의 제목이기도 한 '천천히 키워야 크게 자란다'라는 메시지를 가슴 깊이 확신합니다.

축복을 보내며,

라히마 볼드윈 댄시

차례

Part 3 기질을 존중하는 교육

Part 4 감각을 열어주는 교육

아이들은 이미 태어날 때부터
자신만의 잠재력을 가지고 태어납니다.

부모가 할 일은 아이가 가진 고유한 자질을
옆에서 세심히 관찰하고 지지해주어
아이가 비로소 자신만의 꽃을
피워낼 수 있도록 도와주는 것입니다.

진정한 부모는 자신의 욕망을
아이에게 투영하지 않습니다.

현명한 부모는 아이의 가능성을 믿고
아이에게 자신의 뜻을 펼칠 수 있는
자유를 선사합니다.

지금, 당신은 어떤 부모입니까?

Part 1

가능성을 믿어주는 교육

"아이들을 경외하라.
어떤 아이를 만나도
한 명의 존엄한 인간이
내 앞에 있다고 생각하라."
_ 루돌프 슈타이너

새로운 교육과의 만남

1994년 11월, 남편의 독일 연수를 앞두고 들른 주한 독일문화원에서 우연히 책 한 권을 읽게 되었다. 일본인 엄마가 딸을 독일 발도르프 학교에 보내면서 겪은 교육 체험담을 쓴 『독일의 초등학교』라는 책이었다. 당시 만 두 살 반 아이를 키우는 엄마였던 나는 좋은 교육이란 무엇인지, 아이를 잘 키우기 위한 구체적인 방법들에는 무엇이 있는지 고민하고 있던 중이었다. 책 속의 내용 중 다른 무엇보다도 내 마음에 와 닿았던 것은 발도르프 교육이라는 이 새로운 교육이 바깥세상에서 아이들이 알아야 할 내용을 억지로 주입하지 않는다는 사실이었다. 대신 부모는 아이에 대해 '너는 어떤 아이니?', '나는 너를 어떻게 도와주면 될까?' 하는 질문을 가지고 아이들의 고유성을 관찰하고 주의 깊은 이해를 먼저 해야 한다는 내용이 이 교육의 큰 뼈대를 이루고 있었다.

아이들에게 지식이나 추상적인 개념만을 알려주는 것이 아니라 아이들의 감각과 감성을 일깨워주는 다양한 예술 활동, 자연과 생명의 중요성을 깨닫게 해주는 노작 활동 등 온몸으로 세상을 체험하게끔 하는 커리큘럼도 상당히 의미 있어 보였다. 뜻을 모은 부모들이 선생님들을 초빙해 만든 비영리 학교로서 이사장과 교장이 없고 '교사들의 협의체'로 학교가 자율적으로 운영된다는 것도 특별하게 다가왔다.

이름은 다소 생소했지만, 자유롭고 생동감 있는 기운으로 가득해 보였던 이 교육은 초보 엄마였던 나에게 '내가 막연하게나마 꿈꾸던 교육을 이미 하고 있는 곳이 있구나' 하는 반가운 마음이 들게 했다. 나는 이 새로운 교육에 대해서 더 알고 싶은 호기심이 강하게 일었다. 신바람이 한껏 났던 나는 당시 주변 사람들에게 발도르프 교육 자료들을 함께 읽고 토론하는 모임을 제안했다. 그런데 자료를 읽고 난 부모들은 '이런 교육으로 아이들을 어떻게 대학에 보내겠느냐'는 반응을 보였다.

사실 발도르프 교육의 최종 목표는 아이들을 좋은 대학에 입학시키는 데에 있지 않다. 내가 이해한 이 교육의 목표는 자신이 궁극적으로 하고 싶은 일이 무엇인지 전 생애에 걸쳐서 질문하고 탐구해나가며 알아갈 수 있도록 아이를 주체적으로 성장시키는 데 있다. 그리고 그 과정은 충분한 집중과 충분한 휴식을 반복하면서 자신을 소진시키지 않으며 이뤄질 수 있다. 이런 교육적인 목표를 갖고 있기에 이 교육에서는 아이들 각자의 발달 속도에 따른 적기 교육을 중요하게 생각한다.

또한 인지적인 교육에만 치중하기보다는 신체, 감성, 사고가 통합적으로 조화를 이루는 교육을 우선으로 한다. 아이들은 발달 과정에 맞춰 일생생활을 해나감에 있어 습득해야 하는 가치와 양식을 예술 활동, 수공예 활동, 여행, 연극, 합창, 축제 등을 통해 자연스럽게 배워나간다. 그 과정에서 자신이 잘하는 것은 무엇인지, 자신이 어떤 일을 할 때에 가장 집중을 하게 되는지, 궁극적으로 무엇을 하고 싶은지 충분히 알아나가게 된다.

이 새로운 교육에 대해 더욱 자세히 알고 싶었지만 정보를 접할 수 있는 통로는 매우 한정적이었다. 이후 남편의 독일 현지 연구소 파견으로 독일에 6개월간 체류할 기회가 있었지만 생애 첫 타향살이인데다 머물렀던 기간도 짧았던 터라 발도르프 교육의 본류와는 인연이 닿지 못했다.

새로운 교육에 대한 갈증과 아쉬움, 대학시절부터 이어오던 생활공동체 운동에 대한 관심은 한국으로 돌아온 뒤 다른 방식으로 발산되었다. 그즈음 나는 시부모님과 함께 살고 있던 집의 문간방을 '가족 도서관'으로 꾸며 동네 이웃들에게 개방하여 그 공간을 지역의 문화공간으로 자리매김하는 실험을 추진했다. 그리고 '어른들과 아이들이 함께 크는 우리'라는 지향으로 모인 엄마들과 작은 도서관 세 개를 만들어 운영했다. 분당 가족 도서관, 개포동 초록공간, 강동 어린이 도서관이 그곳들이다. 이 공간에서 이웃들과 흥미롭고 다채로운 일들을 꾸며나갔다. 이를테면 아이들의 꿈과 상상력을 키워주는 그림책들을 함께 찾아 읽는다거나, 매주 엄마들과 모여서 교육이나 환경 등을 주제로 한 책들을 읽고 토론하는 모임을 가졌다.

독서활동 이외에도 엄마들이 돌아가면서 일일 선생님이 되어 아이들과 함께 요리하기, 그림 그리기, 책 읽기, 글쓰기 등을 하는 품앗이 육아를 하기도 했다. 나중에는 아빠들까지 합세해서 부모교육에 적극적으로 참여했고, 이후 가족 단위의 소풍을 기획하고 운영해나갔다.

그로부터 약 2년의 시간이 흐른 뒤, 발도르프 교육을 다시 만날 수 있는 기회가 찾아왔다. 1997년 이른 봄, 남편이 잘 다니던 직장을 휴직하고 미국 유학을 결심하게 된 것이다. 나름대로 안정적이었던 한국 생활을 포기하고 가난한 유학생 가족이 될 기로에 섰지만, '사서 고생한다'는 걱정을 들으면서도 간단하게 짐을 꾸려

미국으로 떠났다. 큰딸 솔이가 다섯 살, 작은아들 현이가 막 한 돌을 지났을 무렵의 일이다.

우리가 자리를 잡은 곳은 미국 서부의 콜로라도 주. 우리는 자리를 잡고 난 뒤, 큰아이가 다닐 유치원을 알아보았다. 마침 우리가 살던 곳 인근에 리버송 발도르프 학교가 있었다. 발도르프 학교 안에는 보통 초등학교 입학 전의 아이들이 다닐 수 있는 유치원도 함께 있다.

우리가 처음 리버송 발도르프 학교를 찾았던 날, 당시 이 학교의 행정 업무를 보던 한 학부모는 우리를 교육열에 불타오르던 동양인 부부로 보았던 모양이다. 그는 우리에게 다가와서 "우리 유치원은 아이들에게 읽고 쓰기를 가르치지 않는다는 사실을 알고 온 것이냐?"고 조심스레 물었다. 우리 부부는 지향하고 있는 교육적인 가치관이 명확한 편이었다. 남편은 지체 없이 이렇게 이야기했다. "우리는 아이들이 어렸을 때 마음껏 상상할 수 있는 능력을 읽고 쓰는 공부를 위해 억누르는 것은 바람직하지 않다고 생각합니다."

이런 우리의 대답에 호의를 느낀 학부모는 이내 유치원 입학 절차에 대한 설명과 더불어 이후 부모 강좌에 초빙해도 되겠느냐는 이야기를 건넸다. 고맙고도 반가운 제안이었다. 우리 부부가 발도르프 학교를 선택했던 것은 단지 아이들의 교육만을 위해서는 아니었다. 공동체가 살아 있는 자유로운 학교라는 판단이 들었기 때문이었다. 운영방침 등이 획일적으로 규정된 것이 아니라 부모와 아이, 선생님이 학교의 다양한 활동에 적극적으로 참여하면서 함께 키워나가고 만들어나가는 공동체라고 생각했다.

입학은 이렇게 일사천리로 이루어졌지만 솔이의 적응은 생각보다 쉽지 않았다. 아이들이 어른보다 적응이 빠르다고는 하지만 낯선 언어 속에 던져진 솔이는 유치원 생활에 익숙해지는 데 꽤 시간이 걸렸다. 다행히 당시 박사과정 첫 학기를 마치고 여름방학을 맞이해 시간적 여유가 있었던 남편은 솔이가 새로운 환경에 적응할 수 있도록 한 달여간 솔이와 함께 발도르프 유치원에 함께 다녔다. 덕분에 남편은 이후 아이들과 두고두고 이야기를 나눌 수 있는 멋진 추억거리를 만들었다. 가난한 유학생 가족이었지만 아이들이 어렸을 때 아이들의 교육 과정에 남편이 적극적으로 함께 할 수 있었던 것은 지금 돌아보아도 정말 감사할 일이다. 솔이의 발도르프 유치원 입학을 시작으로 나는 본격적으로 발도르프 교육 현장을 가까이에서 지켜보고 배워나갈 수 있게 됐다.

주입과 강요 대신
믿음과 기다림이 있는 곳

솔이가 발도르프 유치원을 다니게 되면서 자연스레 아이가 다니는 유치원의 풍경을 유심히 들여다보는 것이 일상이 됐다. 만 여섯 살까지의 아이들이 다니는 발도르프 유치원의 풍경은 일반적인 유치원 풍경에 비해 소박하고 단순하다. 교실 한가운데에 작은 의자들과 커다랗고 둥근 책상이 놓여 있을 뿐, 칠판을 비롯한 교구와 교재를 찾아보기 힘들다. 교실 가장자리에 빙 둘러 놓여 있는 부피가 제법 큰 가구들도 모두 원목으로 만들어진 것들이었다. 그래서인지 발도르프 유치원 교실은 따뜻하고 부드러운 느낌이 가득했다.

이 수상한 교실을 조금 더 세밀하게 살펴보면 서서히 보이는 풍경들이 생긴다. 우리가 전형적인 '교구'라고 생각했던 것들이 없을 뿐이지 아이들은 다들 무언가를 가지고 몰입해서 즐겁게 놀고 있었다. 아이들이 가지고 노는 것들은 나무토막, 복숭아 씨, 살구 씨, 다양한 모양의 돌, 조개껍데기 따위의 천연 장난감들이었다. 보드라운 촉감을 가진 색색의 면과 실크 천들도 눈에 띄었다.

나 또한 자유로운 놀이를 통해 잘 만들어진 교구나 교재, 선생님의 지도 없이도 아이들이 스스로 상상력을 길러나갈 수 있다고 본다. 이때 부모들이 해야 할 일은 아이들이 집에서 TV나 컴퓨터 게임 등을 접하지 않게 하고, 캐릭터 옷이나 캐릭터 장난감을 멀리할 수 있도록 돕는 것이다. 이 시기 아이들은 스스로 감각을 통해 세상을 체험하고 알아간다. 이즈음 아이들에게 읽고 쓰는 인지적인 교육보다는 온몸으로 체험하는 감각놀이가 필요한 이유다.

발도르프 유치원의 하루 일과는 아이들이 집에서 보게 되는 엄마와 아빠의 일상적인 활동 모습이 고스란히 녹아 있다. 음식 만들기, 정리정돈하기, 텃밭이나 정원 가꾸기 등 유치원에서 하는 활동들은 모두 집에서도 반복적으로 하는 생활 활동들로 이루어졌다.

특히 인상적이었던 풍경은 선생님이 아이들에게 놀이를 하고 난 뒤든, 활동을 마치고 난 뒤든 어질러놓은 것들을 치우라고 이야기하지 않는 모습이었다. 다만 선생님은 노래를 부르며 정리를 하기 시작할 뿐이었다. 그러면 아이들이 그 노래를 하나둘씩 따라 부르면서 어수선했던 교실을 정리하기 시작했다. 이런 식의 경험들이 나날이 쌓여가자 두 아이의 엄마로서 이 교육 과정에 함께하는 시간이 늘어감에 따라 '이 교육은 아이들이 장차 어른이 되었을 때 자기 삶의 능동적인 주인, 자유로운 존재로 살아가도록 이끄는 교육이구나!' 하는 것을 깊이 느끼게 됐다.

다방면에서 나를 매료시킨 이 새로운 교육이 내가 앞으로 더욱 깊이 공부하고 알아가야 할 분야이구나 하고 결심을 굳히게 된 계기는 발도르프 교육의 태동 배경에 대해서 구체적으로 알고 난 뒤였다. 발도르프 교육은 1919년 오스트리아 태생의 인지학자인 루돌프 슈타이너와 그의 교육 철학에 감명 받은 한 사업가의 만남에서 시작됐다.

1919년 4월, 제1차 세계대전이 끝난 직후의 유럽은 사회 전반에 걸쳐 여러 가지 어려움이 대륙을 휩쓸고 있었다. 혼란 속에서 새로운 정치, 경제, 문화, 교육에 대한 시대적 요청은 점차 강해졌다. 당시 인지학자였던 루돌프 슈타이너는 독일의 남부도시 슈투트가르트의 한 담배공장을 찾아 강의를 하게 됐다. 슈타이너는 그 자리에서 앞으로의 사회를 이끌 새로운 교육 방향을 제시했고, 강의를 들었던 사람들은 그의 생각에 깊은 공감을 했다. 강의가 끝날 무렵, 한 남자가 슈타이너에게 두 가지 질문을 던진다. "아이들이 장차 세상에 평화를 가져올 어른으로 커나갈 수 있는 교육 방법이 있는가? 만약 있다면 한번 그러한 학교를 만들어 보지 않겠는가?"

슈타이너에게 새로운 교육 이념을 실현할 공간을 열어보자는 제안을 한 사람은 '발도르프-아스토리아'라는 담배공장을 운영하던 에밀 몰트였다. 그는 당시 자신의 공장에서 일하는 노동자들의 자녀들을 위한 학교 설립을 모색하던 중이었다. 슈타이너는 에밀 몰트의 질문에 응답하면서 새로운 교육 환경에 대한 네 가지 조건을 제시했다.

첫째, 학교는 모든 아이들에게 열려 있어야 한다.
둘째, 남녀공학이어야 한다.
셋째, 12학년 통합 과정이어야 한다.
넷째, 주 정부의 통제와 부모의 경제력에 영향을 받지 않는 조건 하에 선생님들이 자율적으로 학교를 책임지고 운영할 수 있도록 해야 한다.

슈타이너가 제안한 내용의 핵심은 부모의 경제적 능력과 무관하게 모든 아이들이 이 새로운 교육의 혜택을 받을 수 있어야 한다는 것이었다. 슈타이너가 내걸었던 이 네 가지 조건은 아이들과 선생님들을 위한 권리이기도 했다. 계층과 성별에 관계없이 차별받지 않을 권리, 장래 희망이나 직업과 관계없이 12년간의 통합 교육 과정을 모든 아이들이 동등하게 누릴 권리, 선생님들이 어떠한 교육 이념에도 간섭받지 않고 자율적으로 아이들을 가르치고 학교를 운영할 수 있는 권한 등을 이야기한 것이었다.

당시 슈타이너가 제시한 이 새로운 학교는 많은 사람의 지지를 얻었고, 독특한 능력과 풍부한 경험을 가진 사람들이 이 학교의 선생님으로 지원했다. 슈타이너는 새로운 교육에 대한 열망으로 자신을 찾아온 지원자들에게 자신의 교육적 철학을 설명했다. 인간은 신체(몸), 감성, 영혼의 세 영역으로 구성됐으며 보편적으로 7년의 주기를 따라 발달하는 과정을 거친다는 것, 아이들의 타고난 개성과 자질을 존중해야 하며, 특히 감각과 감성을 발달시켜주는 예술 교육이 중요하다는 것을 강조했다. 이때 슈타이너가 이야기했던 내용들은 훗날 『교사들을 위한 실제적인 제안 *Practical Advice to Teachers*』이라는 책으로 출간되어 오늘날 우리가 발도르프 교육을 이해하는 데에 많은 도움을 주고 있다.

슈타이너와 에밀 몰트와의 만남 이후 그해 가을 독일의 슈투트가르트에서 첫 번째 학교가 문을 열었다. 오늘날 우리가 알고 있는 '발도르프 교육'이라는 이름은 지금으로부터 약 100여 년 전 독일에 최초로 세워진 이 학교의 이름에서 비롯됐다. 학교의 이름

(자유 발도르프 학교)은 에밀 몰트가 운영했던 담배공장 이름(발도르프-아스토리아)에서 따온 것이었다. 이 학교에 입학했던 아이들은 대부분 에밀 몰트의 공장에서 일하던 노동자들의 자녀였다. 자유와 평등, 공동체적인 가치 속에서 탄생한 최초의 발도르프 학교 이야기는 나에게 교육이라는 것이 지향해야 하는 방향이 무엇인지에 대한 통찰을 안겨주었다.

남보다 내가 앞서가야만 한다고 가르치는 경쟁 위주의 입시 교육 체제에서 발도르프 교육이 지향하는 바는 다소 이상적으로 여겨질지도 모른다. 하지만 생각을 달리 해보자. 요즘 청년 실업이 큰 문제로 대두되고 있다고 한다. 다른 중요한 가치들은 뒤로한 채 대학 입학을 위해 경쟁적인 레이스를 달려왔지만, 그렇게 해서 얻은 대학 졸업장이 취업을 보장해주지 못하는 시절이 되어버렸다. 양극화된 사회구조의 문제도 필시 있을 것이다. 그러나 아이들이 자신의 갈 길을 찾지 못해 방황하는 이유 중 하나는 자신이 진짜 무엇을 하고 싶은지 알지 못하도록 만들고, 다른 사람과 연대하는 것의 가치를 가르치지 않는 입시 위주의 교육도 큰 부분을 차지하지 않을까.

지금에 와서 다시 돌아보면 당시 나에게 새로운 교육으로 다가왔던 발도르프 교육은 이 땅에서 우리가 이미 오래전부터 해오던 그것과 맥이 맞닿아 있는 교육이라는 생각도 해본다. 자연을 충분히 체험하고 성장해야 한다, 내 아이만 챙기는 것이 아니라 공동체 안의 모든 아이들이 협력하고 공존해나갈 수 있도록 배려해야 한다 등 '자유를 향한 교육', '평화를 위한 교육', '공동체 의식을 경험하는 교육'인 발도르프 교육의 지향점은 우리 전통 문화와 이미 맞닿아 있다. 그리고 오히려 지금의 우리들이 잊고 지내는 교육의 기본 가치, 보편 가치들을 되돌아보게 해준다.

누구에게나 자기만의 꽃을 피우는 때가 있다

"스무 살이 되어서도 내가 뭘 하고 싶은지 모르겠다. 꿈을 찾는 게 꿈이어서 억울하다."

몇 해 전 한 명문대 경영학과 3학년 학생 한 명이 대학을 자퇴하면서 남긴 글을 보며 안타까운 마음을 금치 못했던 기억이 난다. 오늘날 대한민국 교육의 단면을 보여주는 일화가 아닌가 싶다. '아는 사람은 좋아하는 사람만 못 하고, 좋아하는 사람은 즐기는 사람만 못 하다'는 공자님의 말씀이 새삼스럽게 다가온다. 외부의 강요나 성적 압박에 못 이겨 공부한 아이가 지식적으로는 더 많이 알고 있을지는 모르나 그 아이들 중 자기 자신의 꿈을 제대로 파악하고 진로를 결정하는 아이는 얼마나 될지 의문이다.

반면에 자유로움 속에서 제 뜻을 존중받으며 자란 아이들은 어느 순간 때가 되면 자연스럽게 자신이 좋아하고 즐길 수 있는 일을 찾아낸다. 결과적으로 우리 아이들도 그랬다. 솔이는 리버송 발도르프 유치원을 시작으로 8학년까지 발도르프 학교를 다녔는데 그 시절 아이는 일기장에 '나는 노는 걸 좋아한다. 그리고 공부하는 건 별로 안 좋아한다'고 공공연하게 쓸 정도로 공부와는 거리가 먼 생활을 했다.

그랬던 아이가 본격적으로 진로를 모색해야 하는 시기가 다가오자 당시 우리 가족이 살고 있던 볼더 시의 여러 공립 고등학교를 직접 탐방하면서 자신이 새롭게 진학하고자 하는 학교를 찾아나설 정도로 의욕적인 아이로 성장했다.

당시 솔이가 선택한 공립 실험학교는 아이가 성적표 대신 받아온 발도르프 학교의 기록을 인정해주지 않았다. 당시 미국에서 고등학교 1학년이었던 솔이는 어쩔 수 없이 초등학교 5학년 아이들과 수학 수업을 듣는 등 부족했던 부분을 메우기 위한 혹독한 과정을 거쳐야 했다. 기특했던 것은 쉽지 않았을 그 과정을 통과하는 중에 솔이가 보여주었던 집중력이었다. 자기보다 어린 아이들과 함께 모자란 부분을 공부해야 하는 상황이 사실 마뜩치 않을 수도 있었을 텐데 솔이는 그 과정을 그 누구보다도 즐겁게 몰입해서 이루어냈다. 공부에 너무 몰두하는 아이가 염려되어 공부가 그렇게 재미있느냐고 물었더니 하루는 이런 대답이 돌아왔다. "어렸을 때부터 충분한 준비가 되었을 때 배우기 시작하는 것이 습관이 돼서 그런지 자연스럽게 공부하는 것을 좋아하게 된 것 같아요. 새로운 걸 배운다는 건 정말 설레는 일이잖아요!"

이런 공부에 대한 집중력은 대학교에 가서 더욱 깊어졌다. 매학기 수강신청을 할 때마다 듣고 싶은 과목이 너무 많았던 탓에 학과장에게 별도의 허락을 받아서 수강 학점을 초과해 들을 정도였다. 그 결과, 8학기가 되어야 끝나는 대학교 4년 과정을 6학기 만에 마치게 됐다. 남편과 나는 모든 일에는 다 적절한 때가 있는 것이라고 이야기하며 조기 졸업을 만류했지만, 솔이는 자신이 마음먹은 대로 대학을 조기 졸업했다. (솔이는 정치철학을 전공했고 졸업 후 로펌에서 인턴으로 일한 뒤 지금은 법학대학원을 다니고 있다.)

현이는 작은 농장이 딸린 가정집에서 운영하는 놀이그룹에 주 2회 오전 시간에만 다니는 것을 시작으로 6학년까지 발도르프 학교를 다녔는데 이후 스스로의 선택으로 공립학교로 옮겨갔다. 현이에게는 다른 아이들보다 초등학교를 1년 늦게 들어간 사연이 있다.

발도르프 학교에서는 유치원생 아이들이 학교에 입학하기에 앞서 1학년 선생님이 부모를 만나서 면담하고, 유치원 선생님은 1학년 진학을 앞둔 만 6세(우리 나이로는 일곱 살) 무렵의 아이들을 한 명씩 집중적으로 살펴본다. 아이가 1학년 과정에 들어갈 준비가 되었는지 신체적, 정서적, 사회적 발달 상태를 두루 관찰하는 것이다.

독특한 점은 '젖니가 빠지고 영구치가 나는 이갈이를 시작했는지' 여부를 알아보는 것이다. 슈타이너의 인지학적인 관점에서 보았을 때, 젖니가 빠지고 영구치가 나온다는 것은 기억하는 힘이 생기고 감정영역이 깨어남을 의미한다. 이외에도 다음과 같은 사항들을 토대로 아이를 다각도로 관찰한다.

* 아이가 그린 그림에서 사람이나 집이 허공에 떠 있지 않고 바닥부터 그려져 있는가?
* 땅에서 무엇인가 솟아오르는 그림을 그리는가?
* 징검다리나 외나무다리 위를 균형감 있게 잘 걸을 수 있는가?
* 줄넘기를 앞뒤로 모두 할 수 있는가?
* 한쪽 손이 가슴을 가로질러 다른 쪽 무릎을 칠 수 있는가?
* 한쪽 손이 정수리를 넘어 다른 쪽 귀에 닿을 정도로 팔과 몸이 자라났는가?
* 공동체 놀이나 수공에 작업을 할 때 주의를 잘 기울이는가?
* 아이가 자신이 좋아하는 동화를 기억해서 설명할 수 있는가?

위의 항목에서 부족한 부분이 있으면 그때까지 균형감각을 비롯한 여러 감각이 충분히 발달하지 않은 것이기 때문에 의자에 앉아 집중하거나 글자와 숫자를 기억하는 것이 힘들다고 한다.

당시 현이의 유치원 선생님은 현이가 초등학교에 입학해도 좋다고 판단을 했다. 그러나 우리 부부는 상의 끝에 현이가 유치원 생활을 1년 더 하는 것이 좋겠다는 쪽으로 결정을 내렸다. 우리는 아이가 읽고 쓰는 것을 천천히 배우기를 원했기 때문이었다. 이런 까닭으로 현이는 만 6세를 넘기고서도 발도르프 유치원 오전반을 다녔다. 하루는 현이가 나에게 이렇게 물어왔다.

"엄마, 내가 유치원에서 제일 나이가 많아. 내가 무슨 잘못을 한 거야? 내가 뭐가 모자란 거야?"

한바탕 웃으며 나는 아이의 질문에 이렇게 응답했다.

"유치원을 1년 더 다니게 된 건 아주 멋지고 행복한 일이야. 공부랑 어른 노릇은 앞으로 아주 오랫동안 해야 하는데 거기에 비해서 어린 시절은 너무 짧거든. 현이는 유치원에서 1년 더 자유롭고 신나게 놀게 된 거야."

초등학교 과정을 남들보다 1년 늦게 시작한 아이였지만, 지금에 와서 돌아보면 그때의 유예된 1년의 시간이 아이의 현재에 미친 부정적인 영향은 거의 없었던 것 같다. 잘 놀면서도 현이는 성장해가면서 자신의 관심 주제를 다양한 방식으로 확장시키며 경험을 쌓아나갔다.

고등학교 1학년을 마치던 해 여름방학에는 푸드뱅크(가난한 사람들에게 음식을 나누어주는 비영리기관)에서 하는 봉사활동에 자발적으로 참여했고, 고등학교 2학년을 마치던 해 여름방학에는 살고 있던 동네의 호텔 주방에서 매일 10시간씩 아르바이트를 할 정도로 좋아하는 일에 대해서는 관심을 놓지 않았다. 물론 방학이 끝날 즈음에는 밀린 숙제를 하느라 애를 먹기도 했다. 현이는 현재 호텔경영학과에서 사람들을 즐겁게 할 새로운 비즈니스를 구상하며 학업을 이어나가고 있다.

〈아기돼지 삼형제〉 동화를 보면 집을 짓는 다양한 모습이 나온다. 돼지 삼형제는 각각 지푸라기와 나뭇가지를 가지고 빠른 속도로 집을 짓거나, 한 장 한 장 벽돌을 쌓아 올리며 천천히 집을 만들어간다. 늑대가 나타났을 때 빨리 지어진 집들은 얼마나 허무하게 무너져버렸는지! 동화 속에 등장하는 늑대를 우리가 살면서 마주치게 되는 어려운 상황이라고 본다면, 난관을 돌파할 수 있는 힘은 느리지만 단단하게 만들어진 내면에 있음을 우회적으로 말해주는 이야기가 아닌가 싶다.

나무도 천천히 자라야 속이 꽉 찬 건강한 나무로 성장해나간다. 아이들을 키울 때에도 '천천히'의 힘을 믿어야 한다고 생각한다. 어린아이들에게 부모가 줄 수 있는 가장 멋진 선물은 부모의 기다림이다. 부모의 멋진 선물을 받은 아이들은 일생을 긴 호흡으로 행복하게 살아갈 수 있는 데에 꼭 필요한 생의 근력을 튼튼하게 마련한 셈이다. 아이들의 인생은 대학 졸업만으로 끝나지 않는 장거리 여행이라는 사실을 잊지 말았으면 한다.

배움에 대한 열정은 누구나 타고난다

미국에 사는 동안 한국에 살고 계신 시부모님과 안부 전화를 나눌 때면 두 분께서 두 남매에게 빼놓지 않고 하시던 이야기가 있으셨다. 바로 공부 열심히 하라는 말씀이다. 공립 초등학교에서 45년 넘게 교편을 잡으셨던 시아버님은 매번 아이들에게 "학교에서 공부 열심히 하고, 엄마 아빠 말 잘 들어라" 하고 당부를 하시곤 했다. 그러면 발도르프 학교에 다니고 있던 아이들은 "할아버지, 우리 학교는 공부 안 하고 노는 학교예요"라며 콕 집어서 일러드리곤 했다. 전화를 끊고 나서도 "할아버지는 만날 학교에 가서 공부 열심히 하라고 하셔. 우리는 공부 안 하고 매일 노는데" 하고 중얼거리기 일쑤였다. 두 아이의 기억에 학교는 '노는 곳'이었다.

실제로 발도르프 학교에는 시험이나 성적표가 없다. 7학년(한국식 학제로는 중학교 1학년)부터 수업 중에 짧은 퀴즈 형태의 시험을 보긴 하지만, 그것도 아이들의 이해력을 알아보는 과정일 뿐 절대 평가로 이뤄지고 아이들 사이의 석차를 매기지는 않는다. 대신 매 학년을 마칠 때마다 선생님들은 부모들에게 성적표 대신 1년 동안 아이의 학교 생활을 정리한 노트를 건네준다. 그 노트에는 아이들이 배운 교육 과정에 대한 내용, 담임선생님을 비롯해 주제별 과목 선생님들이 파악한 아이의 특징, 부모들이 특별히 주의를 기울여야 할 점들이 상세하게 적혀 있다. 학습 태도, 사회성, 교우 관계에 대한 내용이 중심을 이루고 성적이나 등수는 적혀 있지 않다. 부모들은 담임선생님이 이야기체로 풀어쓴 내용을 읽으며 아이가 1년 동안 학교에서 배운 것들이 무엇인지, 내 아이가 어떻게 성장했는지 다시금 이해할 수 있게 된다.

이같은 자유로운 분위기 속에서 충분히 놀았던 덕분인지 두 아이 모두 고등학교 2학년 무렵부터 자연스레 공부에 흥미를 느끼며 난이도 높은 수업만 골라 듣기 시작했다. 공부에 재미가 붙어 잠까지 줄여가며 공부하는 아이들을 걱정하며 내가 무리해서 왜 대학 수업까지 미리 들으려고 애쓰는지 모르겠다고 물었을 때 아이들은 이렇게 대답했다. "공부하는 것이 그리 어렵지 않아요. 제가 할 만하니까 하는 거예요. 걱정하지 마세요, 엄마."

우리 두 아이뿐만 아니라 주변에서도 어렸을 때 외부의 강요나 성적 압박에 의해 공부하지 않고 자유롭게 큰 아이들은 어느 순간 때가 되면 자연스럽게 좋아하는 일을 찾아내는 모습을 볼 수 있었다. 아이들은 스스로 공부에 흥미를 느끼게 되면 신바람 나게 배워나가고, 본인이 진정 좋아하는 일을 분명히 찾아낸다. 좋아서 하는 일이니 스스로 즐겁게 해나갈 것이고, 자연스럽게 그 일은 하면 할수록 더 잘하게 되는 선순환이 일어나는 것이다.

피카소는 '모든 아이들은 예술가이다. 문제는 어떻게 하면 이들이 커서도 예술가로 남을 수 있게 하느냐이다'라고 말한 바 있다. 그러나 지금 우리 교육은 아이들이 저마다 타고난 고유성은 존중하지 않고, 아이들의 자연스러운 발달 단계에 대한 이해는 부족하다. 안타깝게도 무미건조한 공부, 시험이나 성적에 의한 강요, 주입식 교육에서는 아이들이 자유로운 사고력과 판단력을 기르기 쉽지 않다.

아이들의 잠재력은 길들여지거나 교육되어지는 것이 아니다. 아이들은 저마다 독특한 개성과 재능을 타고 태어났으며 어른의 간섭이나 통제가 없이 믿고 기다려주면 제각기 특유의 기질과 관심에 따라 자기만의 고유한 길을 걸어간다.

실제로 영유아기 아이들의 놀라운 성장은 인간이 진화를 통해 일구어낸 발전의 모습을 압축적으로 보여준다. 세상에 태어난 아이는 누가 가르쳐주지 않아도 때가 되면 뒤집고, 기다가, 돌을 전후로 하여 스스로 두 발로 걷을 수 있게 된다. 손의 움직임도 점차 정교해진다. 그뿐인가. 옹알이를 하던 아이가 짧은 단어들을 말하기 시작하더니 세 돌을 전후로 해서는 언어능력이 폭발적으로 발전한다. 인지능력도 더불어 발달한다. 이는 직립보행 → 자유로운 손의 사용 → 언어의 사용과 추상적인 사고의 발전으로 이어진, 인류가 수백만 년에 걸쳐 보여준 진화의 과정과 일맥상통한다. 영유아기에 갖춘 이와 같은 기본적인 삶의 능력은 이후 삶을 살아가기 위한 기초 체력이 된다.

'교육'이나 '가르치기'라고 하면 우리는 흔히 미리 준비된 무엇인가를 바깥에서 안으로 효율적으로 집어넣으려는 '주입식' 접근을 생각하기 쉽다. 그렇지만 어원적으로 '교육$_{\text{Education}}$'은 라틴어 'Educare'에 뿌리를 두고 있다. 여기서 'E'는 '안에서 밖으로(out of)'를 뜻하는 접두사이고, 'Duc'는 '꺼내다(draw)'라는 뜻의 어원이다. 즉, 교육은 '안에 있는 것을 밖으로 이끌어내는' 것을 의미한다.

그런 까닭에 모든 교육의 시작은 가르치고자 하는 의지가 아니라 사람에 대한 이해와 믿음이다. 더욱이 부모는 아이의 성공을 바라는 사람이기보다 그 누구보다 내 아이의 행복을 바라는 사람이다. 모든 사람이 아이의 가능성을 부정할 때에도 그 아이를 끝까지 지지해주고 품어줘야 하는 것이 부모다. 아이들은 제각기 다르고 모두가 특별한 존재이기 때문에 이 아이와 저 아이를 비교할 수가 없다. 어른들의 욕심과 몰이해로 아이의 특별한 고유성이 왜곡되지만 않는다면 아이들은 타고난 능력을 발휘하며 행복하게 자랄 수 있다. 배움에 대한 본능은 우리 모두가 타고나는 것이기 때문이다.

아이들은 7년 주기로 큰 변화를 겪는다

슈타이너에 따르면 아이들은 자라면서 보편적으로 7년 주기로 커다란 변화를 겪는다. 그동안 나는 두 아이의 엄마이자 선생님으로 많은 아이들을 만나면서 '7년 주기 발달 과정'을 이야기했던 슈타이너의 깊은 통찰력에 감탄했다. 아이들은 발달 단계에 따라 육체적·정신적으로 준비된 만큼 세상을 받아들이고 알아나간다. 이때 부모는 각각의 주기마다 아이가 이루어야 하는 발달 과제가 무엇인지 이해하고, 아이가 해당 발달 과제를 충분히 경험할 수 있도록 적절한 시간과 공간을 마련해줘야 한다. 부모의 욕심에 발달 단계를 건너뛰거나 배움을 서두르면 아이들의 건강뿐만 아니라 몸과 마음, 사고의 균형 잡힌 성장이 가로막히고 만다.

0~7세: 온몸의 감각으로 세상을 받아들이는 시기

7세 이전의 아이들은 몸을 움직여 주변을 적극적으로 탐색하고 자신과 가까운 사람의 모습을 따라 하려는 모방의 의지가 강하다. 아이들은 모방을 통해 배우므로 부모를 비롯해 주변 어른들이 보여주는 삶에 대한 모범적인 태도는 아주 중요하다. 참고로 여기에서 말하는 7세라는 기준은 단순히 나이를 의미하는 것은 아니다. 이 기준은 앞에서도 언급했지만 젖니가 빠지고 영구치가 나오는 시기를 의미한다. 7세까지 아이 내면의 생명력은 신체를 온전히 만드는 데 사용된다. 몸은 아이가 새로운 세상에 적응하고 살아가기 위해 필요한 가장 중요하고도 기초가 되는 도구이기 때문이다.

7세 이전의 아이들은 추상적인 이해가 필요한 읽기와 쓰기, 산수를 배우는 것보다 집안일을 비롯해 어른들의 모범적인 일상생활을 모방하며 더 많은 것을 배울 수 있다. 아이들은 신뢰가 형성된 환경 속에서 편안한 마음을 갖고 생활하는 가운데 자연스럽게 자발적으로 의미 있는 행동을 해나가려는 의욕을 갖게 된다.

아이는 태어나서 처음 3년 동안 걷고, 말하고, 생각하는 것을 익힌다. 이때 아이들은 누가 가르쳐주지 않아도 스스로 자기 자신의 고유한 리듬에 따라 몸을 움직이면서 자기 몸을 사용하는 방법을 터득한다. 슈타이너는 "교육은 제대로 숨을 쉬고 잠자는 것을 배우는 것"이라고 했다. 아이들은 자연의 리듬을 따라 생활하면서 자연스럽게 낮과 밤의 하루 흐름을 배우게 된다. 편안하고 아늑한 분위기 속에서 친구, 부모, 이웃들과 지속적인 관계를 쌓아나갈 때, 조기교육이 아닌 자유로운 놀이를 할 때, 아이들은 생명력과 의지력을 건강하게 키워나갈 수 있다.

하지만 요즘 아이들은 초등학교 입학 전부터 문화센터, 어린이집, 유치원 등을 오가며 교육 환경의 변화를 수시로 겪는다. 슈타이너는 아이들이 아직 신체적·정신적으로 준비되어 있지 않은 시기에 과도하게 추상적인 정보를 가르치고 과한 자극을 주는 것은 아이들이 평생 짊어지고 가야 할 짐을 얹어주는 것과 같다고 이야기했다. 연구에 의하면 아이들의 두뇌 발달은 미디어를 통해서가 아니라 자연에서 마음껏 자유롭게 놀 때, 주변 세계와 직접 만나는 체험을 할 때 활발하게 이루어진다고 한다. TV와 같은 매스미디어는 아이들이 직접 만지고, 냄새 맡고, 말하고 움직이면서 주변 세계를 하나하나 알아나가는 힘을 잃게 하여 아이들을 굉장히 수동적으로 만든다. 7세 이전의 아이들은 몸 전체가 하나의 감각기관이다. 이 시기의 아이들은 스스로의 감각을 통해 직접 세상을 만나고 알아나가야 한다.

나는 어린아이들이 주변 사람들과의 만남을 즐거운 기억으로 마음에 오래두고 새기기를 바란다. 아이들은 가까운 사람으로부터 따뜻한 느낌을 받을 때 자기에 대한 긍정으로 건강한 자존감을 형성한다. "내가 이 세상에 잘 왔구나", "세상은 참 살 만한 곳이구나"라는 믿음에서 "그렇다면 내 주변 세상을 탐구해봐야지" 하는 호기심이 생겨난다. 세상에 대한 신뢰와 왕성한 탐구욕은 앞으로 아이가 인생을 살아가면서 위기를 겪을 때마다 혼란을 극복할 수 있는 보이지 않는 힘으로 작용할 것이다.

7~14세: 예술 활동으로 정서적인 풍요를 갖추는 시기

7~14세 사이에 대부분의 아이들은 젖니가 빠지고 영구치가 나온다. 신체의 발달이 어느 정도 이루어지고 아이의 성장이 두 번째 주기에 들어서게 되면 이때부터는 감정의 영역이 활발하게 발달하기 시작한다. 이 시기의 아이들은 가슴으로 세상을 느끼면서 감성과 상상력을 키워나간다. 그러므로 두 번째 주기에 이르면 희로애락의 다양한 감정을 받아들이고 이를 긍정적인 삶의 에너지로 전환할 수 있는 능력을 키워주는 예술 교육의 중요성이 커진다.

예술 교육이라고 해서 엄청난 비용을 들이게 되는 예체능 교육이라고 오해할 수도 있는 분들을 위해 이 무렵 발도르프 학교 교실의 풍경을 간단히 묘사해본다면 다음과 같다. 교실에서 선생님은 TV나 컴퓨터를 쓰지 않고 아이들과 함께 몸을 움직여 활동을 하고, 시를 낭송하고, 노래를 함께 부른다. 이야기를 활용하는 수업도 조금 색다르다. 선생님이 동화를 들려주고 나서 칠판에 그림

"내가 이 세상에 잘 왔구나"
"세상은 참 살 만한 곳이구나"라는 믿음에서
"그렇다면 내 주변 세상을 탐구해봐야지" 하는
호기심이 생겨난다.

을 그리고 짧은 문장을 쓰면 아이들은 선생님이 그린 칠판 그림을 보고 각자 자기 앞에 놓인 빈 종이에 그 그림을 자기 식으로 정성스럽게 따라 그리며 자기만의 이야기 책을 만들어나간다.

이 시기의 아이들에게는 손으로 무언가를 만들어보는 활동이 중요하다. 수공예 활동은 몸을 움직여 실재하는 무언가를 창조해내는 활동이다. 자신의 두 손으로 실용적이고 아름다운 생활용품을 만들어 쓰는 과정을 통해 아이들은 사소하다고 여겨지는 일상적인 노동의 가치를 자신도 모르는 사이에 배우게 된다. 또한 살아가면서 필요한 기초적인 문제해결력과 지혜도 함께 배워나가게 된다.

스위스의 심리학자 칼 융은 "예술이란 인간의 존엄성과 깊은 관련이 있다"고 말했다. 우리가 예술가들의 사랑과 혼이 담겨 있는 훌륭한 작품들을 보며 감탄하는 이유는 이런 작품들 속에 우리 내면에 잠자고 있던 예술가로서의 본성을 일깨우고 세상과 인간의 아름다움을 새롭게 발견하게 만드는 힘이 있기 때문이 아닐까?

나는 아이들이 자신만의 예술 활동을 하며 쌓아올린 감수성이 아이들 내면의 힘을 길러준다고 믿는다. 예술 활동이라고 해서 거창하게 생각할 것은 전혀 없다. 음식 만들기, 종이접기 같은 일상적인 활동들도 즐겁게 몰입해서 하면 모두 예술 활동이다. 인간이 자유롭게 성장하기 위해서는 내면의 자신과 만나 소통할 줄 알아야 한다. 예술 활동은 창조의 과정인 동시에 몰입의 과정이기도 하다. 즉, '내 안의 진정한 나'를 만나게 해주어 자기가 좋아하는 일을 찾게 해주고 최선을 다하게 해준다.

이 시기를 정서적으로 안정되게 보내고, 세상의 아름다운 가치들을 체험하면서 보낸 아이들은 사춘기를 맞이해서도 세상을 바르게 바라볼 수 있는 기초 체력을 얻게 된다.

14~21세: 인지능력이 꽃을 피우는 시기

세 번째 주기는 앞선 두 번째 주기에서 예술 활동을 통해 기른 감각적인 사고력을 인지적인 학습과 통합시키는 시기다. 아이들은 14세를 전후로 하여 2차 성징을 나타낼 때쯤이 되면 사고력이 활발해지면서 추상적인 개념을 이해하게 되고 분석력과 판단력이 발달한다.

돌아보면 우리 집에서도 실제로 아이들이 이 시기에 이르렀을 무렵, 저녁 밥상에서든 긴 여행길 지루한 차 안에서든 항상 두 남매가 각자의 논리를 내세우며 팽팽하게 맞서 열띤 이야기를 나누곤 했다.

인간의 뇌는 집중적으로 무언가를 학습한 뒤에 그 내용을 자기 것으로 체화하기 위해 일정 기간 쉬는 시간을 필요로 한다. 이 시기 아이들도 집중해서 공부하는 틈틈이 휴식하는 시간을 가져야 끈기 있게 더 멀리 나아갈 수 있다. 그런 까닭에 발도르프 학교에서는 아이들의 발달 과정에서 요구하는 내용을 공부해나갈 때에도 '집중'과 '쉼'의 리듬을 반복한다.

이 시기의 아이들은 비판적 사고력이 발달함에 따라 그동안 배워온 내용에 대해 의문을 품기 시작한다. 주변의 어른과 세상과의 관계에서 독립하여 스스로 생각하고자 하며 세상의 진리를 알고 싶어 한다. 내가 두 아이를 키우면서 느낀 것은 이 시기에 접어든 아이들은 가치를 추구하는 이상주의적인 모습을 보이는 한편, 경험치의 부족으로 인한 불확실함 속에서 불안정한 감수성을 함께 보여준다는 사실이었다. 때로는 역동적으로 흘러넘치는 에너지로 자신을 한계 상황으로 몰고 가기도 한다. 이런 모습들이 부모나 선생님에게 반항하거나 거친 행동으로 보이기도 한다.

내가 그동안 만나온 사춘기 자녀를 둔 부모들의 단골 이슈는 아이들과의 소통 문제였다. 어떤 부모들의 경우에는 사춘기 아이들과의 관계에서 큰 상처를 받아 삶의 의욕까지 꺾이고 우울증 증세까지 생겼다고 고백하기도 했다. 내 경험에 비추어 보았을 때 이 시기에 부모가 아이들과 소통하는 데 있어 제일 필요한 것은 아이의 곁을 지키며 아이들의 마음을 읽어주는 따뜻한 말 한마디이다.

아이들이 질풍노도의 감정에 휘말려 실수를 하거나 거친 행동을 할 때에 부모들은 당황하지 말고 마음의 여유를 가져야 한다. 부모 자신이 십대였을 때 느꼈던 그 감정들을 생각해보라. 그 감정의 소용돌이를 일찍이 앞서 겪어낸 인생의 선배로서 이 시기 아이들의 두서없고 이해할 수 없는 행동들을 성장의 필연적인 통과의례로 바라봐주는 태도가 이즈음의 아이들을 키우는 부모들에게 가장 필요한 자세이다. 부모가 유머를 갖고 여유 있게 행동하면 아이들은 질풍노도의 감정을 더욱 잘 다스리게 된다. 부모의 유머와 느긋한 태도는 (비록 그것이 어느 정도 가장된 모습이라고 할지라도) 아이들이 좌충우돌할 때에도 서로 주의 깊게 귀를 기울여 들어줄 수 있는 감정적인 공간을 마련해준다.

감정의 혼란을 겪고 있는 사춘기 자녀를 둔 부모들은 그 어느 때보다 천천히 살아야 한다. 어린아이들은 부모의 체력을 시험하지만, 사춘기 아이들은 부모의 인격을 시험한다. 부모 자신의 마음속에 고요한 내적 평정이 있어야 아이들의 내면을 들여다볼 수 있는 여유와 포용할 힘이 생긴다. 아이들은 열린 마음으로 경청하는 부모가 있는 한 자신감을 가지고 자유롭게 책임 있는 선택을 해나갈 것이다.

하지만 이 무렵이 되면 많은 부모들이 조급해진다. 시험이나 성적, 석차에 의해 누군가와 비교되고 보상을 받게 되면 아이들은 반감부터 갖게 되고 자율성과 자존감에 큰 상처를 받게 된다. 성장의 세 번째 주기에 들어선 아이들이 대학 입시만을 목표로 나아가지 않고 자기 자신이 누구인지, 자신이 좋아하고 원하는 일이 무엇인지를 경험하고 알아나가는 시간을 충분히 가졌으면 한다. 그래야만 앞으로 살아갈 수많은 날 동안에 통합적인 사고력으로 세상의 진리를 올곧게 탐구해나갈 수 있다.

아이에 대한 이해만큼 중요한
부모 자신에 대한 이해

뜰에 핀 들장미 향기가 아주 싱그러웠던 5월의 봄날, 고등학교 졸업반이던 아들 현이가 우리 부부에게 물었다.

"아빠 엄마는 삶의 의미와 목적을 알아요? 나는 아직 잘 모르겠어요. 지금까지는 그저 순간순간을 즐겁게 보내왔는데 이제는 내 삶의 목적을 알고 싶어요. 앞으로 어떻게 살아야 할까요?"

당시 현이는 자신이 가고 싶었던 대학들에 지원하며 수많은 에세이를 쓰고 있던 중이었다. 대학 입학을 위한 지원 에세이에는 자신이 지원하는 대학과 해당 학과에 본인이 들어가서 공부를 해야만 하는 까닭, 앞으로의 학업 계획 등이 설득력 있게 담겨 있어야 한다. 게다가 분량의 제한도 있다. 에세이를 쓰는 과정에서 아이는 '나는 누구인가', '나는 장차 무엇을 하고 싶은가', '내가 잘하는 것은 무엇인가'에 대해서 여러 번 고심했을 것이다. 에세이를 쓰는 과정은 단순히 입학을 위한 절차가 아니라 내 삶의 의미에 대해서 고민하는 시간으로 작용했으리라.

삶의 의미를 찾으려는 노력은 중요하다. 자신이 무엇을 원하는지 생각하고, 정리하고, 알아나가는 그 시간은 희망하는 대학에 합격하지 못하더라도 그 자체만으로도 충분히 의미가 있는 과정이라고 생각한다.

나는 아이를 키울 때에도 이와 비슷한 관점이 필요하다고 생각한다. 부모는 그 누구보다 내 아이가 어떤 아이인지에 대해 편견없이 깊은 이해를 하고 있는 사람이어야 한다. 아이가 무엇을 할 때 행복한지, 어떤 상황에서 행복하지 않은지 자신의 욕심을 내려놓고 아이가 보여주는 모습 그대로 이해할 수 있어야 한다.

더불어서 부모가 먼저 자신을 알아나가는 과정에 충실하기를 권하고 싶다. 아이에게 무언가를 강요하기 이전에 자기가 정말 하고 싶은 일이 무엇인지에 대해서 알아나갔으면 한다. 아이들의 꿈 찾기는 부모의 꿈 찾기로부터 시작된다. 아이들을 챙기다보면 시간에 쫓겨 세 끼 식사도 제때 챙겨먹는 것이 쉽지 않은 일이지만,

부모는 그 누구보다
내 아이가 어떤 아이인지에 대해
편견 없이 깊은 이해를 하고 있는 사람이어야 한다.

아이가 무엇을 할 때 행복한지,
어떤 상황에서 행복하지 않은지
자신의 욕심을 내려놓고
아이가 보여주는 모습 그대로 이해할 수 있어야 한다.

가족(특히 남편)에게 양해를 구하고 나만을 위한 시간을 조금이라도 가질 수 있도록 애써보는 것은 어떨까. 자녀교육에 있어서 선행되어야 할 것은 내 아이에 대한 이해 이전에 부모 자신에 대한 이해와 성찰이다. 많은 부모들이 놓치고 있는 부분이지만 그렇기 때문에 무엇보다 강조하고 싶은 부분이기도 하다. 내가 바로 서지 못하면 아이도 바로 설 수가 없다.

스위스의 정신분석학자인 칼 융은 "부모가 원하지 않는 삶을 살 때 자녀들은 심리적으로 가장 큰 영향을 받는다"고 강조한 바 있다. 부모가 원하는 일을 하면서 자신의 삶을 살아나갈 때 부모 스스로도 행복하고 이를 곁에서 보고 자라는 아이들도 행복하다. 세상에서 가장 불행한 사람은 자신만의 삶의 의미를 찾지 못하고 살아가는 어른들이 아닐까? 희망과 꿈이 없이 살아가는 어른들과 함께 생활하며 이들을 보고 자라는 아이들은 무엇을 배우겠는가?

부모는 자신의 성장 과정에서 부족했던 결핍으로부터도 자유로워져야 한다. 부모가 자녀교육에 올인하지 말고 욕심을 내려놓으면 내려놓을수록 아이들은 더 멀리 더 높이 자유롭게 날아갈 수 있다. 부모가 자신의 삶에 최선을 다하며 행복하고 건강하게 일상생활을 해나갈 때 아이들은 그 모습을 옆에서 보고 결과보다 과정의 중요함을 배우고 자유롭게 살아갈 수 있다.

색들이 춤을 추는 시간 - 습식 수채화 그리기

발도르프 유치원이나 학교에서는 아이들이 각각의 색이 가지고 있는 고유한 성질을 충분히 발견하고 느낄 수 있도록 하기 위해서 습식 수채화 그리기 시간을 자주 갖는다. 습식 수채화는 물에 푹 적신 종이에 색을 칠하기 때문에 마른 도화지에 그림을 그릴 때와는 달리 색들이 혼합되고 번지면서 오묘한 느낌을 선사한다. 아이들은 습식 수채화를 그리면서 단단한 윤곽이나 선이 없어 고정되지 않은 부드러운 흐름을 자연스레 느낀다. 실제로 자연을 둘러보면 그 경계나 윤곽이 뚜렷하지 않다.

나는 집에서 아이들과 습식 수채화 그리기를 자주 했다. 처음에는 빨강, 노랑, 파랑 등 한 가지 색을 정해 그리다가 차차 두 가지, 세 가지 색을 더해나가며 그렸다. 노랑과 파랑이 만나 초록이 되고, 노랑과 빨강이 만나 주황이 되는 모습을 보며 아이들은 특별한 마술이 일어난 것처럼 탄성을 지르곤 했다.

그림을 완성하고 도구들을 정리하는 순간도 흥미로운 배움의 순간이 된다. 붓에 묻은 물감을 씻을 때 색들이 섞이는 모습을 보면서도 아이들은 환호성을 터뜨린다. 흰 종이를 물에 푹 적시는 시작부터 도구들을 깨끗이 뒷정리하는 순간까지 습식 수채화의 모든 과정이 아이들에게는 즐거운 놀이이다.

현이가 네 살 때 그린 습식 수채화

따뜻한 에너지와 오묘한 색감이 매력적인 습식 수채화
©윤지영

Tip 습식 수채화 이렇게 그려요!

준비물

두꺼운 머메이드지나 수채화용 도화지, 종이를 적실 넓고 깊은 물통, 천연 스펀지
크고 넓은 붓(붓의 두께는 18~22mm 정도가 적당하다), 천연물감
물감과 물을 섞어 담을 물병, 붓을 씻을 수 있는 물병

① 넓고 깊은 물통이나 싱크대에 물을 반 정도 담는다.
② ①에 준비한 종이를 5분 정도 넣었다가 꺼낸다.
③ 건져낸 종이를 탁자에 올려놓고 스펀지로 물기를 고르게 닦아낸다.
④ 물감 원액을 물과 보통 1:7의 비율로 섞어 병에 담는다.
⑤ 붓으로 ④의 물감을 찍어 물기를 머금은 종이 위에 그림을 그린다.

* 형태를 그리는 것보다는 색감 그 자체를 경험하는 것에 중점을 둔다.
* 다른 색을 칠하고자 할 때는 붓을 깨끗한 물로 헹군 뒤, 마른 수건에 물기를 말려 사용하도록 한다.
* 습식 수채화를 그리기 전에 〈알쏭달쏭 무지개〉 〈노을〉과 같은 색깔과 관련된 내용이 담긴 동요나 동화를 들려주면 좋다.

PLUS TIP

발도르프 교육 현장 생생 인터뷰 1

"

당신의 가슴에
커다란 사랑이
자랄 수 있도록
느긋해지세요.

"

낸시 페팅길 선생님은 미국 콜로라도 주 볼더 시의 블루스카이 발도르프 유치원에서 나와 함께 일했다. 그녀는 자녀 셋을 모두 홈스쿨링으로 키워낸 어머니이자, 30년 가까이 발도르프 교육과 관련된 일을 해왔다. 아이의 자발성을 어떻게 이끌어냈는지, 아이를 키울 때 느긋한 자세가 필요한 까닭은 무엇인지 이웃나라 엄마의 현명한 지혜를 한 번 들어보았다.

★ 발도르프 교육을 만나게 된 계기가 궁금합니다.

남편과 저는 결혼 후에 우리가 앞으로 더욱 성장하기 위해서 어떻게 해야 하는지에서부터 우리 사이에서 태어날 아이의 교육에 이르기까지 다양한 주제들에 관해 많은 대화를 나누었어요. 그 과정에서 발도르프 교육에 대해서 알게 되었고, 이후에 이 교육이 구체적으로 무엇인지에 대한 탐색이 이어졌지요. 발도르프 교육의 내용 중 특히 가슴에 와닿았던 것은 일상생활의 중요성에 대해 이야기하고 있다는 점이었어요. 다양한 축제와 의식들, 손으로 무언가를 직접 만드는 수공예 활동들도 매력적으로 다가왔습니다. 여러 사람이 어울려 무언가를 함께 해나가는 과정이 우리 가족에게는 중요한 가치였기 때문이지요.

★ 세 명의 자녀들과 홈스쿨링을 하면서 제일 좋았던 것은 무엇이었나요?

아이들과 홈스쿨링 하면서 가장 인상적이었던 것은 세 아이들 모두가 자신의 배움에 열정을 보이는 모습을 부모로서 지켜볼 수 있었다는 점입니다. 아이들은 강제하지 않았음에도 스스로 각자의 관심사를 탐구하는 다양한 방법들을 터득하더라고요. 가령 한 아이는 아마추어 역사학자라고 부를 수 있을 정도로 그 분야에 관심이 많았어요. 한 번은 역사적 사실에 바탕한 복잡한 보드게임을 만들어서 형제들과 함께 놀더라고요. 사춘기 때에는 여기에서 한 발 더 나아가서 가상의 신비한 왕국을 주제로 환상적인 보드게임을 만들기도 했고요. 아이가 만든 가상의 왕국에는 경제, 화폐 시스템, 정치적 갈등과 정교한 캐릭터가 어우러진 이야기가 담겨 있었어요.

★ 홈스쿨링을 시작한 이유는 무엇이었나요?

큰아들이 부모들이 공동체로 운영하는 학교에 다닐 때, 우리 부부는 우리가 어린 시절 다녔던 학교 경험을 떠올리면서 우리에게 지금까지도 의미 있는 가치가 무엇인지에 대해 많이 생각하게 됐어요. 그러던 중 존 홀트의 강의를 듣고 큰 감동을 받아 우리의 계획에 대해 확신하게 됐지요. (존 홀트는 미국의 교육자로 대안교육, 홈스쿨링, 언스쿨링의 선구자로 불린다.) 그는 강연에서 학교 안에서는 진정한 배움이 이루어지기 힘들다, 더 나은 배움을 위해서는 아이들을 학교 밖으로 이끌어내야 한다고 주장했어요.

실제로 우리 부부는 아들이 오픈 스쿨(여러 초등학교가 공간, 수업, 장비를 같이 사용하는 곳)을 다닐 때, 그곳의 강요된 커리큘럼과 수업시간에 동의하지 않았어요. 아이들의 관심과 요구사항을 존중하지 않는 강요된 프로그램이라는 생각이 들었거든요. 그곳에서는 아이들 스스로 탐구하고, 친구들과 관계를 맺고, 사회성을 키우고, 자유놀이를 하며 혼자 조용히 있는 시간이 너무 적었어요. 많은 교과서를 활용하고 다양한 활동들로 프로그램이 구성되어 있었지만, 우리 부부가 보기에 그 활동들이 아이들에게 의미가 적어 보였어요. 이러한 활동들로는 아이들이 일생 동안 지속적으로 세상을 탐구해나갈 때 필요한 열정, 배움에 대한 호기심이 형성될 수 없다고 봐요.

★ 발도르프 교육을 홈스쿨링에 어떻게 적용했나요?

관련된 자료들을 찾아서 읽고, 캘리포니아에 있는 루돌프 슈타이너 대학에서 열리는 여름 강좌에도 참여하며 나름대로 많은 연구를 했어요. 우리 부부는 홈스쿨링을 할 때 발도르프 학교 커리큘럼을 따랐어요. 하루 중 많은 시간을 자유놀이 시간으로 할애했고 지역에서 홈스쿨링을 하는 다른 가족들과 모임을 가지며 함께 과학 전시회나 수공예 모임 등을 해나갔지요. 아이들이 특정한 주제에 관심을 보일 때에는 그 주제에 대해 아이가 더 깊이 있게 탐구할 수 있도록 도와주었어요. 이를테면 이웃이나 지역에서 아이가 갖고 있는 흥미로운 관심사를 함께 나눌 사람들을 찾아 연결해주는 식이었지요. 그분들은 기꺼이 아이들의 멘토가 되어주었답니다.

★ 3세 이하의 자녀를 둔 부모에게 해주고 싶은 말이 있나요?

어린아이들을 무조건 많이 사랑해주세요! 이 말이 진부하게 들릴 것이란 사실은 잘 압니다. 하지만 아이들이 지금의 모습처럼 조그만 아이로 있는 기간은 그리 길지 않습니다. 아이들은 다른 세상에서 가지고 온 특별한 기운과 자기 나름의 의식 세계를 가지고 있습니다. 물론 0~3세 아이들의 부모들이(특히 엄마들) 신체적으로 아주 힘들어한다는 것은 잘 알고 있어요. 저 역시 그 시간을 경험했으니까요. 하지만 당신이 안고 있는 그 자그마한 아이의 몸속에서 벌어지고 있는, 눈에는 보이지 않지만 엄청난 일들을 생각해보세요. 당신의 위대한 사랑을 아이가 온전히 온몸으로 느끼고 알아가고 있다는 그 사실에 감사해야 합니다.

부모가 자신을 위한 시간을 조금만 줄이고, 아이들을 위해 좀 더 시간을 투자하길 권합니다. 필시 지루한 시간일 테지요. 하지만 그 시간에 감사하면 좋겠어요. 왜냐하면 그 고된 시간 속에서도 인생의 교훈을 얻을 수 있으니까요. 당신의 가슴에 커다란 사랑이 자랄 수 있도록 느긋해지시길 바랍니다. 가능하다면 모유수유를 하고, 고단하겠지만 아이를 재울 때는 당신의 목소리로 아이에게 자장가를 불러주세요. 설사 아이가 당신 마음에 들지 않는 행동을 한다 해도 심하게 나무랄 필요가 없다는 것도 명심하세요. 따끔한 말 대신 좋은 행동들을 직접 보여주세요. 아이들은 백 마디 말보다 한 번의 행동에 더 큰 영향을 받습니다.

★ 아이를 키울 때 집에서 아빠의 역할은 어때야 할까요?

가정 내에서 아빠의 역할은 부모 사이에서 책임을 나누는 정도에 따라 달라집니다. 종종 아빠는 가족의 보호자처럼 행동하고, 바깥사회에서 보였던 권위적인 모습을 집에서도 보이곤 해요. 바람직하게만 볼 수 없는 모습이지요. 가정에서 아빠의 역할은 권위주의적인 모습은 내려놓고 아이들을 자연스럽게 바깥세상으로 이끌어주는 것이라고 생각합니다.

★ 건강한 가족관계를 형성하는 데 가장 중요한 요소는 무엇이라고 생각하나요?

부부가 파트너십을 가지고 서로 도우며 생활해나가는 것이 가장 중요해요. 부모와 아이가 서로의 말에 귀 기울여주어야 하고요. 건강한 가족관계는 구성원 각자가 인정받고 존중받을 때 자연스레 만들어지게 됩니다. 설사 아이가 부모의 뜻과 다른 선택을 하더라도 그 선택권을 존중해줘야 한다고 생각해요. 또 한 가지, 철저하게 각자의 시간을 가지길 권합니다. 대신 가족들이 함께 보내는 시간에는 게임도 하고, 요리도 하며 충분히 재미있는 시간을 보내야 합니다. 이런 공동의 시간을 위해 자기만의 시간을 존중받는 것은 매우 중요합니다.

모든 생명에는 일정하게
반복되는 리듬이 있습니다.

봄에는 싹이 움트고,
여름에는 무성하게 잎이 돋아납니다.
가을에는 열매가 영글어가고,
겨울에는 모든 것이 잠시 쉬어갑니다.

해와 달의 움직임에 따라
낮으로 밤으로 하루가 흘러갑니다.

7세 이하의 어린아이들은
이와 같은 자연의 흐름을
일상생활을 통해 온몸으로 체화하며
앞으로의 삶을 살아갈 기초 체력을 다지게 됩니다.

지금 우리 아이들의 일상은 어떠한가요?
규칙적이고 리듬감 있는 생활을 하고 있나요?

Part 2

삶의 리듬을 회복하는 교육

"아이들이 당신 말을
듣지 않는 것을 걱정하지 말고,
그 아이들이 항상
당신을 보고 있음을 걱정하라."

_ 로버트 풀검

반복되는 일상에서
성장의 기초 체력이 얻어진다

현대인들이 살아가면서 자주 하는 말 가운데 하나가 '시간이 없다'는 말이다. 그중에서도 시간 없기로 따지자면 대한민국 엄마들이 일등 아닐까 생각한다. 집안일 하랴, 아이들 챙기랴, 남편 챙기랴, 여기에 워킹맘이라면 회사 일까지 얹어져 매순간 허덕이다가 하루가 저문다.

부모교육 강연을 할 때 "내 시간이 없어 힘들다"는 엄마들의 하소연을 종종 듣는다. 그럴 때마다 나는 엄마들에게 이렇게 대답한다. "아침을 어떻게 시작하시나요? 한번 매일같이 늘 같은 시간에, 같은 장소에서, 같은 방법으로 아침을 맞이해보세요. 그럼 아이들에게도, 자신에게도 건강한 변화가 생길 거예요. 뿐만 아니라 다른 일과들도 일정한 흐름을 만들어보세요." 그러면 엄마들은 이 구동성으로 아침을 여는 방식을 바꾸기만 해도 일말의 시간적인 여유가 생길 수 있는지 믿지 못하겠다는 반응을 보인다. 그러나 일주일이 지나고, 한 달이 지나고 난 뒤면 엄마들의 이야기가 달라진다.

"늘 시간에 쫓겨 살았는데 일어나는 시간, 자는 시간, 밥 먹는 시간처럼 매일 반복해서 해야 하는 일과를 단순하게 만들고 흐름을 타니 나를 위해 쓸 수 있는 시간이 조금이나마 생겼어요."

"며칠은 힘들었어요. 그런데 반복하니까 점점 몸에 습관이 배었는지 하루를 보내기가 수월해졌어요. 하루 생활이 자연스럽게 물 흐르는 듯이 흘러가게 되었어요."

잠을 제때 자지 못하거나, 평소보다 무리를 하는 바람에 신체의 균형이 흔들리고 피로해졌을 때, 우리는 흔히 '리듬이 깨졌다'고 말한다. 해가 뜨면 일어나고, 일정한 간격으로 식사를 하고, 해가 지면 잠자리에 드는 등 매일같이 반복되는 일상적인 행위들은 자연의 커다란 리듬을 따라 이루어진다. 하루도 거르지 않고 반복되는 기본적인 일과들을 단순화하면, 즉 정해진 시간에, 정해진 방식으로 해나가면 여기에 들이는 에너지를 최소화할 수 있기 때문에 불필요하게 낭비하는 시간들이 줄어든다.

인간 삶의 터전인 자연의 대표적인 속성 중 하나는 '지속적인 반복'이다. 자연의 모든 움직임은 커다랗게 반복되는 리듬 안에 있다. 봄에는 싹이 솟아오르고, 여름에는 잎이 무성하게 자라나고, 가을에는 서늘한 기운 속에 열매가 영글고, 겨울에는 새로운 탄생을 위해 잠시 쉬어가는 사계절의 흐름이 그렇다. 해와 달의 움직임에 따른 낮과 밤의 변화 역시 마찬가지다. 인류는 오랫동안 자연의 변화와 순환을 따라 일정한 리듬을 반복하면서 생활해왔다.

어린아이들 역시 반복되는 생활을 통해 건강한 생명력을 키워나갈 수 있다. 특히 7세 이하의 아이들에게 하루 단위, 일주일 단위, 한 달 단위, 한 해 단위로 순환하는 리듬 생활은 아주 중요하다. 아이들은 태생적으로 반복을 좋아하기 때문에 자기 몸과 손을 쓰며 하는 모방과 반복 행동을 지루해하지 않는다. 오히려 반복 행위를 통해서 주변 세상을 알아간다.

이 시기에 반복적으로 리듬 생활을 안정적으로 해나가면 이후에 일어날 일의 불확실성으로 걱정하지 않고 예측 가능한 상황 속에서 안정적인 심리 상태로 주변 세계를 탐구하고자 나서게 된다. 갑작스러운 변화는 세상을 파악해나가고자 하는 아이들을 혼란스럽게 만든다.

아이들이 반복을 통해 건강한 생활 리듬을 만들어가기 위해서 부모가 신경 써줘야 할 일은 그리 어렵지 않다. 우선 아이가 갖고 노는 장난감을 비롯해서 주변의 물건들을 가급적 언제나 놓여 있던 자리에 두도록 한다. 아이들은 정리된 환경에서 정서적으로 안정되고 주의력이 향상된다. 시간적으로는 해와 달의 움직임에 따라 일정한 시간에 일어나고, 잠자리에 들 수 있도록 한다. 친구들과 노는 시간, 가족들과 함께 식사하는 시간 등 매일의 일과들이 비슷한 리듬으로 반복될 수 있도록 한다.

모든 일상을 반복적으로 하는 일이 어렵다면 매일 아침마다 좋아하는 노래를 반복해서 함께 부르거나, 아이가 잠자리에 들 때 짧은 자장가를 반복적으로 불러주는 것부터 시작할 수도 있다. 일종의 기상 의식, 수면 의식을 치르는 것인데, 이와 같은 의식ritual은 평범한 순간을 특별하고 멋진 순간으로 탈바꿈시켜주는 마법 같은 힘이 있다. 의식은 아이들로 하여금 미래에 대한 기대감을 품게 하고 이를 맞이하기 위해 적극적으로 준비하도록 이끌어준다. 그런 까닭으로 발도르프 유치원에서는 선생님이 아이들과 여러 가지 활동을 할 때, 그 시작과 끝마다 일종의 열고 닫는 의식들을 치른다. 이야기 들려주기 시간을 예로 들어보면 이렇다. 하나의 이야기를 3~4주 동안 매일 정해진 시간에 반복해 들려주며, 이야기를 시작할 때는 노래를 부르며 밀랍으로 만든 양초를 켜고,

마무리할 때에는 노래를 부르며 양초를 끄는 식이다. 선생님은 매일 아이들을 한 명씩 호명하여 그날의 양초를 끌 아이를 정하는데 호명된 아이는 작은 종 모양의 덮개가 달린 긴 대롱으로 양초를 살며시 덮어 불을 끈다. 아이들은 돌아가면서 촛불을 끄게 되는데 모두들 자기 차례가 되기를 손꼽아 기다린다. 간식이나 밥을 먹기 전에도 촛불을 켜고 노래를 부르며 그때마다 음식을 먹을 수 있게 해준 자연과 사람들에 대해 감사하는 시간을 갖는다. 집에서도 종종 이처럼 해본다면 아이들이 무척이나 좋아할 것이다.

어린아이들은 아직 내적인 리듬이 형성되지 않은 까닭에 어른보다 외부 환경의 영향을 많이 받는다. 이때 가장 가까운 사람인 부모의 역할이 매우 중요하다. 아이들은 눈으로 보이는 부모의 행동을 모방하는 것은 물론이고, 부모의 내면 상태까지 받아들인다. 아이들은 예민한 감각으로 부모의 마음을 알아챈다. 따라서 아이의 안정된 리듬 생활도 중요하지만 부모 스스로가 먼저 안정된 생활을 해야 한다.

정신없는 일상 속에서 마음을 추스르고 심리적인 안정을 회복하는 방법을 한 가지 소개해볼까 한다. 시간도 오래 걸리지 않고 아주 쉬운 방법이다. 자기 주위에 있는 아주 평범한 사물을 하나 정해서 짧은 시간 동안 주의를 집중해 바라보는 훈련을 매일 같은 시간, 같은 장소에서 하는 것이다. 예를 들면 컵이나 볼펜 같은 아주 단순한 사물을 앞에 놓고 5분 동안 바라보는 식이다. 이 방법은 내가 인지학 수업을 들으면서 알게 된 훈련법인데 고정관념, 편견, 부정적인 감정 등 주관적인 생각과 감정을 통제하고 의지를 키우는 데 아주 효과적이었다. 나는 오랫동안 이 방법으로 마음에 평화와 고요함이 깃드는 순간을 체험했다.

하루의 시작을 위한 준비를 그날 아침에 시작하는 것이 아니라 전날 저녁이나 밤에 해두는 것도 권한다. 또한 잠자리에 들기 전 약 10분 동안 몸을 가볍게 스트레칭을 하며 내 몸의 이완에 집중하다보면 그날의 걱정거리는 다 내려놓게 되고 한결 편안하게 잠들 수 있게 된다. 이런 식으로 하루를 마무리하면 다음날 아침에 일어나는 데에 많은 에너지를 쓰지 않게 된다. 인간은 생활 리듬이 불규칙할 때 에너지를 많이 소모하게 된다. 그러나 자신만의 고유하고 일정한 리듬으로 생활을 하게 되면 애쓰지 않고도 효율적으로 많은 일들을 해나갈 수 있다.

아이들이 어렸을 때 반복적으로 한 경험들은 이후 평생의 삶에 영향을 끼친다. 이 시기의 아이를 키우는 부모들이 먼저 건강한 리듬 생활을 해나가면 아이들의 하루 역시 평화롭게 흘러갈 수 있을 것이다.

매일 하는 집안일만큼 좋은 생활교육은 없다

마크 트웨인의 『톰 소여의 모험』에는 주인공 톰이 기지를 발휘하여 지루한 페인트칠을 극적으로 마무리하는 에피소드가 실려 있다. 때는 날씨도 화창한 토요일 아침. 톰에게 화가 난 이모는 톰에게 울타리 전체를 페인트칠하라는 벌을 내린다. 장난꾸러기 톰은 길디긴 울타리를 보면서 페인트칠을 언제 다 끝낼 수 있으려나 속상해하지만, 마음을 바꾸어 먹고 휘파람을 불면서 세상에 이렇게 신나는 일이 없다는 표정으로 페인트칠을 하기 시작한다. 그러자 놀라운 일이 벌어진다. 톰이 벌을 받는 줄 알고 놀려대던 친구들이 자신들의 소중한 보물을 톰에게 내어주면서까지 너도나도 울타리를 페인트칠하려고 몰려든다. 덕분에 톰은 그늘에서 쉬면서도 하루가 다 저물기도 전에 페인트칠을 마칠 수 있게 된다. 이 이야기를 어릴 적 읽었을 때는 무심히 지나쳤는데 아이 키우는 엄마의 입장에서 보니 이 장면이 새삼 흥미롭게 다가왔다.

나는 지루한 집안일이 힘에 부칠 때마다 이 에피소드를 떠올리며 힘을 얻곤 했다. 해도 표 안 나고 안 하면 표가 나는 일, 늘 반복적으로 해야 하는 집안일을 한숨 쉬며 짜증내면서 할 것인가, 아니면 톰처럼 멋진 아이디어를 발휘하여 콧노래 부르며 즐겁게 할 것인가? 나는 엄마들이 스스로 집안일에 대해 의미와 가치를 부여하고 즐겁게 해나가면 고되다 여겨지던 일도 훨씬 재미있어진다고 믿는다.

집안일을 하면서 짜증이 나는 이유 중 하나는 엄마 '혼자서' 집안일을 모두 떠안고 한다는 스트레스가 작용한 탓도 크다. 나는 부모교육 때 집안일을 아이들과 나눠서 하면 좋다는 이야기를 종종 한다. 손놀림이 여물지 않은 아이들에게 집안일을 나눠줘봐야 나중에 해야 할 일만 더 늘어난다는 엄마들의 투덜거림을 이해하지 못하는 것은 아니다. 하지만 집안일의 교육적인 효과는 생각 이상으로 크다.

아이들에게는 그 어떤 교육보다 일상생활 자체가 가장 영향력이 큰 교육 과정이다. 특히 어린아이일수록 더욱 그렇다. 가정은 그 어느 곳보다 크고 넓은 배움터다. 아이들에게 일상생활—음식 만들기, 청소하기, 빨래 개기, 다림질하기, 바느질하기, 텃밭 가꾸기 등— 경험은 오랜 세월 이어온 인류의 문화를 자신의 온몸으로 터득하는 과정이다. 아이들은 어른들이 반복적으로 해나가는 생활 속의 의미 있는 활동들을 따라 하면서 재미는 물론이고 노동에 대한 가치, 책임감과 헌신의 의미를 배우고 의지력을 키운다.

나는 저녁식사 준비를 두 남매와 함께하곤 했다. 현이가 대학 진학을 위해 쓴 에세이에서 '부엌은 내가 어렸을 때 가장 좋아했던 놀이터'라고 표현했을 정도로 우리 집 부엌에는 재미난 추억이 많이 담겨 있다. 아이들은 해가 기울어갈 무렵이 되면 앞치마를 두르고 나무 도마와 날이 조금 무딘 칼을 앞에 두고 식사 준비를 손꼽아 기다렸다. 내가 큼직하게 썰어낸 채소를 주면 아이들은 조그마한 손으로 냉큼 재료를 건네받아서 자기들 식으로 신나게 썰었다. 들쑥날쑥한 야채들이 들어 있는 카레나 수프를 나눠 먹으면서 식탁에서는 또 한 번 웃음과 대화가 이어졌다.

집안일이라는 것은 빨래, 밥 짓기, 청소와 같이 살림을 꾸려가면서 해야 하는 일상적인 행위들로 이루어져 있다. 아침이 되면 이부자리를 개고 밤이 되면 이부자리를 펴야 한다. 때가 되면 매끼니 밥을 해먹어야 하고, 먼지 쌓인 집이 되지 않으려면 청소도 주기적으로 해야만 한다. 집안일은 기본적으로 '반복된다'는 속성

아이들에게 일상생활 — 음식 만들기, 청소하기, 빨래 개기,
다림질하기, 바느질하기, 텃밭 가꾸기 등 — 경험은
오랜 세월 이어온 인류의 문화를
자신의 온몸으로 터득하는 과정이다.

이 있다. 그렇기 때문에 집안일을 옆에서 돕다보면 아이들은 자연스레 생활의 리듬을 몸으로 익힐 수 있다. 이즈음이 되면 무얼 해야 하는구나 깨닫게 되는 것이다.

나는 아이들이 어릴 때 요일마다 반복적으로 하는 일상적이고도 특징적인 활동들을 일과표에 넣었다. 덕분에 솔이와 현이는 어렸을 때 요일을 추상적인 개념으로 익힌 것이 아니라 날마다 했던 반복적인 체험을 통해 기억했다. 이를테면 월요일은 김밥 먹는 날, 화요일은 텃밭에 가는 날, 수요일은 수채화 그리는 날, 목요일은 바느질하는 날, 금요일은 시장 보는 날, 토요일은 산책 가는 날, 일요일은 대청소하는 날이라고 몸에 새긴 것이다. 아이들이 매일매일 집안일에 의욕적으로 참여하며 즐거워하던 표정과 그때 내가 느꼈던 행복감을 세월이 지난 지금도 잊을 수 없다.

집안일의 교육적 효용에 대해서는 이미 많은 연구 결과들로 입증되고 있다. 어릴 때부터 어른을 도와 집안일을 많이 한 어린이일수록 나중에 어른이 되어 통찰력, 책임감, 자신감 등 여러 분야의 성취도가 아주 높다고 한다. 미국 미네소타대학의 연구팀이 어린이 84명의 성장과정을 추적해 분석한 결과 서너 살 때부터 집안일을 도운 아이들은 가족과 친구, 주변 사람들과의 관계가 원만했을 뿐만 아니라 성인이 되어서도 학교와 직장에서도 일정한 성취를 이룬 것으로 조사됐다. 아울러 어린 나이부터 집안일을 도운 아이들은 집안일을 전혀 하지 않거나, 십대가 되어서 집안일을 시작한 아이들보다 자기 만족도가 높았다. 집안일은 아이들에게 다른 사람의 요구를 이해하고 배려할 줄 아는 공감능력도 키워준다고 한다.

최근 미국에서 일상생활을 가장 큰 배움의 과정이라고 보는 교육 운동이 주목을 받고 있다. '라이프웨이스Lifeways' 과정이 바로 그것이다. 라이프웨이스 교육은 발도르프 교육의 가치관에 영감을 받은 영유아 통합교육이다.

내가 경험한 라이프웨이스 교육은 무엇보다도 단순하고 소박한 일상생활의 의미와 가치를 충분히 느끼게 해주는 커리큘럼을 갖고 있었다. 라이프웨이스 교육센터에서 교육을 받을 당시, 이 새로운 교육의 면모를 실감했던 일이 있었다. 어느 날 교육생들을 가르치는 선생님께서 교육생 선생님들에게 특별한 제안을 했다. 교육장으로 쓰였던 공간에서 평소 손이 잘 닿지 않는 구석진 곳들을 찾아내 청소를 해보자는 것이었다. 이윽고 교육생 선생님들은 천장, 유리창 바깥, 화장실 구석, 욕조 모서리, 옷장 등 교육장 구석구석을 청소했다. 그리고 한 시간이 넘도록 청소를 한 뒤에 각자 느낀 소감을 나누는 시간을 가졌다. 대부분 눈에 쉽게 띄지 않는 후미진 구석들을 청소하면서 평소에 돌보지 않았던 마음 깊은 곳도 바라보게 되었다고 고백했다. 나 역시 구석진 공간을 말없이

고요하게 쓸고 닦으면서 평소에는 지나치기 십상이었던 나의 내면을 소중하게 어루만져주는 듯한 기분을 느꼈다. 이처럼 집안일은 아이들뿐만 아니라 어른들에게도 자신의 일상을 되돌아보고 나날의 삶이 가지는 의미에 대해서 돌아보게 한다. 그렇다면 아이들과 집안일을 요령껏 재미나게 하는 방법에는 무엇이 있을까?

아이들과 함께할 수 있는 집안일은 의외로 많다. 조그마한 텃밭이나 화분에 채소들을 심어 가꾸기, 화분에 물주기, 과일과 채소를 함께 다듬고 손질하기, 놀고 난 뒤 장난감 정리하기, 빨래 개기, 설거지하기, 창문이나 마루 닦기, 이부자리 정리하기, 밥상 차리기 등 무궁무진하다.

아이들과 집안일을 할 때 가능하면 같은 시간, 같은 장소에서 반복적으로 같은 노래를 부르며 해나간다. 또한 아이들이 손놀림이 여물지 않아 해나가는 과정이 마뜩치 않더라도 중간에 개입하지 않도록 한다. 이를테면 아이들에게 어질러놓은 장난감을 정리하라고 말했다면, 치우는 속도가 느리다고 해도 중간에 대신 정리해주지 않도록 한다. 대신 짧게 반복되는 단순한 노래를 불러 흥을 돋우는 식으로 아이들이 더욱 즐겁게 집안일에 참여하게끔 유도한다. 같은 맥락에서 아이의 행동이 서툴러도 억지로 효율적인 방법을 가르치려 들지 않는 것도 중요하다.

만 다섯 살 이후의 아이들이라면 어떤 일이든 스스로 독립적으로 하고자 하는 욕구가 있으므로 반복적으로 되풀이되는 집안일에 의미를 부여하고 더욱 즐겁게 할 수 있도록 아이들이 그린 그림을 활용하여 예쁜 계획표를 함께 만들어보자.

아이들의 삶은 즐거워야 한다. 삶을 축제처럼 여기면서, 일상생활에서 작고 소소한 재미를 느껴나가는 것이야말로 삶의 주체로 나서는 첫걸음이다. 이는 목표와 결과를 위해 과정과 일상을 무시하는 현대사회의 성공만능주의, 결과중심주의의 폐해를 극복할 수 있는 대안이기도 하다. 아이들이 매일의 생활에서 작은 성취감을 온전히 느끼고, 자그마한 일에도 감사해하고 행복해할 수만 있다면 부모로서 그만한 기쁨이 또 어디 있을까.

일상생활의 경험이 곧 커리큘럼이 된다는 것은 TV, 유튜브 동영상 같은 미디어의 영향에서 벗어나 직접 사람과 자연을 만나 생활의 기본을 배워나감을 의미한다. 자연과 생명의 경이로움을 온몸으로 배우며 키운 체력은 아이가 활기 넘치고 강건한 삶을 즐길 줄 아는 어른으로 커나가는 데에 소중한 밑거름이 될 것이다.

우리의 삶은 지금보다 더 단순해져도 괜찮다

지난여름 이사하면서 현이가 고등학교 시절 프로젝트 과제로 발표하며 사용했던 포스터를 우연히 발견하게 되었다. 그 포스터에는 현이가 요리를 잘하게 된 이유에 대해 쓰여 있었다. "우리 집에는 TV도 없었고, 심심할 때가 많았다. 엄마는 내가 심심하다고 하면 늘 그게 좋은 거라고 이야기했다. 그래서 난 무엇을 할까? 늘 혼자 궁리할 수밖에 없었다. 먹는 것을 좋아했으니 음식을 만들어야겠다 싶어서 자주 만들다보니 요리가 좋아지게 되었다."

어렸을 적 현이는 일요일 오후가 되면 뭔가 재미나는 일이 없을까 생각하다가 부엌 찬장에서 이것저것 꺼내 식탁 위에 잔뜩 벌여 놓고 자기만의 레시피로 음식을 만들곤 했다. 현이는 매번 우리 집 부엌을 신나는 놀이터로 바꾸어놓았다. 부산하게 움직이는 소리가 잦아들 무렵이 되면 집안에는 고소한 냄새가 가득 풍겼다. 가끔씩 그 현장에는 남편도 함께했다. 어느 날은 아빠와 함께 심혈을 기울여 현미 인절미까지 뚝딱 만들어낼 정도였다. 찹쌀현미로 밥을 지어 절구로 찧고, 호박씨를 볶은 뒤 곱게 빻아 고물을 만들고, 그 위에 말린 대추까지 채 썰어 장식한 솜씨는 일품이었다. 자기가 만든 음식을 예쁜 접시에 담아 자랑스럽게 엄마와 누나에게 대접하면서 흐뭇해하던 현이의 모습은 지금 이 순간에도 나를 웃음 짓게 만든다.

요즈음 밖에 나가서 보면 아이들은 계속해서 "심심해! 심심해!"를 외치고 엄마들은 그때마다 아이에게 뭔가를 해주려고 끙끙거리는 모습을 자주 목격한다. 아이들이 지루해하며 떼를 쓸 때 부모의 마음은 초조해진다. 떼를 쓰며 소란을 피우는 아이에게 사람들의 이목이 집중이라도 되면 더욱 안절부절못하기 일쑤다.

하지만 아이가 "심심해"라고 말할 때 아이들과 무조건 놀아주려고 하지 말고 거리감을 두고 지켜보는 태도가 필요하다. 나와 타인 사이에 적당한 심리적 간격이 필요하듯, 부모와 아이 사이에도 적절한 공간과 여백이 필요하다. 부모들이 아이들을 느긋하게 지켜보면 자기 자신을 위한 여유로운 순간을 맛볼 기회도 많아진다.

현대사회는 '빨리빨리'의 연속이다. 생각할 여유, 기다릴 짬을

주지 않는다. 즉각적으로 반응하고 움직이길 종용한다. 기다림의 미덕은 점차 사라지고 있다. 한 연구에 따르면 부모들이 아이들의 꿈꾸는 듯한 상태를 지켜보지 못하고, 추상적인 목표를 설정해 아이들을 그곳으로 몰아부치면 이때 아이들이 느낀 불안감과 혼란이 아이들 내면에 차곡차곡 쌓이게 되고, 어른이 되었을 때 질병이 야기될 수도 있다고 한다.

부모가 먼저 여유 있는 태도로 느긋하게 생각하고 천천히 살아야 아이들의 내면을 바라보고 포용할 힘이 생긴다. 여러 차례 이야기하지만 아이들은 부모의 행동을 거울처럼 모방한다. 아이들은 굉장히 예민해서 부모가 가지고 있는 내적인 에너지를 금방 감지한다. 부모가 바쁘고 산만하게 살면서 스트레스와 혼란을 겪으면 그 불완전한 상태를 아이들은 그대로 고스란히 느낀다.

2006년 여름, 우리 가족은 20년째 완성되지 못하고 폐허로 남겨진, 해발 2,300여 미터의 로키산맥 중턱에 터를 잡은 조금 이상한 집을 한 채 샀다. 남편은 오래전부터 작더라도 우리들 손으로 직접 만든 집에서 살고 싶어 했다. 그런 남편의 바람으로 콘크리트 돔 형태의 구조 외에는 전체적으로 미완성이었던 집을 사서 거의 처음부터 새로 집을 짓다시피 했다. 우리 가족은 돔 형태의 구조를 살려 숲 속 난쟁이들의 집처럼 지붕 위를 야생화 정원으로 꾸미는 등 최대한 친환경적으로 집을 완성해나갔다. 이후 우리 식구는 도시에서는 생각하지도 못했던 새로운 만남과 나눔의 순간을 경험했다.

밤하늘에 떠 있는 별들이 헤아릴 수 없을 만큼 얼마나 많은지, 반달만 떠도 어둠을 밝히는 그 밝음이 얼마나 환상적인지 아이들과 시시각각 변하는 자연을 함께 지켜보았다. 아침에 해가 떠오를 때 순식간에 변하는 하늘의 오묘한 색깔들의 출렁임이 얼마나 아름다운지 그전에는 잘 모르고 살았다. 그러나 새로운 공간으로 이사를 한 후 자연과 보다 가깝게 살게 된 덕분인지 자연스럽게 마음 한 구석에 여유가 깃들게 되었다. 급하지는 않으나 길게 보아 중요한 일에도 에너지를 쏟으며 삶의 균형을 찾아 생활할 수 있게 됐다. 안팎의 소용돌이치는 생활 속에서도 가끔씩은 그냥 가만히 앉아 쉬는 것이 얼마나 소중한지 깨닫게 되었다.

로키산맥 중턱의 그 집으로 이사갔을 무렵 우리 아이들은 한참 십대 초중반을 거치며 질풍노도의 시절을 맞이하고 있었다. 보통의 경우라면 하루에도 몇 번씩 부모와 자식 사이에 긴장감이 요동칠 시기였지만 그 시절을 그리 힘들게 보냈던 기억이 없던 것은 아마 그 집에서 자연과 어우러져 사는 삶을 살 수 있었던 덕분이 아니었을까 싶다.

요즘 부모들은 '아이들을 위해서'라는 이유로 더 많이 일하고 더

바쁘게 살아간다. 그러나 아이러니하게도 아이들을 위해 돈을 벌며 일하는 시간에 쫓겨 오히려 아이들과 함께 하는 소중한 시간은 늘 부족하다. 사실 아이들이 세상에서 제일 좋아하는 장난감은 함께 즐겁게 놀아줄 줄 아는 엄마 아빠다.

아이들에게 더 좋은 교구를 사주고픈 마음은 이해하지만 아이들 장난감에 많은 돈을 들일 필요가 없다는 말을 해주고 싶다. 아이들은 단순한 재료를 가지고도 기상천외한 방법으로 잘 놀기 때문에 어른들 생각만큼 많은 장난감이 필요하지 않다. 부엌의 냄비나 그릇, 이불, 베개, 의자, 자투리 천 같은 살림살이들은 아이들의 상상력이 보태지면 훌륭한 장난감으로 멋지게 변신한다.

집안의 세간들뿐만 아니라 주위에서 흔히 볼 수 있는 자연물들, 이를테면 나뭇잎, 돌멩이, 나뭇가지 등도 아이들에게 좋은 장난감이 되어준다. 열심히 돈을 벌어서 아이들에게 '장난감을 사주기'보다 주변에서 흔히 구할 수 있는 자연물로 아이들과 '함께 놀아주는 시간'을 갖자.

더불어서 아이들과 함께 자연의 소박한 아름다움과 느린 속도를 몸으로 체험할 수 있는 시간을 가지려고 노력해보자. 비싼 돈 들이지 않아도 된다. 복잡하게 생각할 것도 없다. 마음과 시간에 약간의 여유를 가지려는 노력, 단순하고 소박한 가운데에서 행복을 찾으려는 노력, 그것만으로도 아이들에게는 충분하다.

리듬을 회복하는 삶, 수면생활

내가 부모교육을 할 때 우스갯소리로 하는 이야기가 있다. "한국 엄마들은 아이들 먹이는 일에 목숨 걸고, 미국 엄마들은 아이들 일찍 재우는 일에 목숨 걸어요." 그러면서 아이들뿐만 아니라 엄마 아빠도 잠을 충분히 자고 쉬어야 한다고 부탁한다.

나는 우리 아이들이 때때로 아플 적에도 너무 걱정하지 않았다. 아이들이 아픈 까닭은 생활 리듬이 깨진 탓이라고 보았기 때문이다. 그래서 아이들이 아프면 응급상황인 경우를 제외하고는 병원에 달려가거나 약을 먹이기보다는 조화로운 신체 리듬을 되살려주기 위해 우리 가족의 그간의 일상을 먼저 되돌아보곤 했다. 특히 무엇보다 잠을 푹 자게 해주어서 자연치유력을 다시 회복할 수 있도록 노력했다.

아이들이 어릴 때 부모가 정말 노력해야 할 것 중 하나가 아이들에게 규칙적인 잠자리 리듬을 만들어주고 그 리듬이 깨지지 않도록 지켜나가는 일이다. 맞벌이 가정도 많고 직장인이라면 종종 하게 되는 야근으로 아이들과 저녁 시간을 밀도 있게 보내기가 어려운 대한민국의 현실은 충분히 공감한다. 그럼에도 불구하고 피곤에 절은 몸을 다시금 바짝 일으켜세워 아이들을 재우는 시간만이라도 아이들에게 집중해보자고 권하고 싶다. 짧게는 10분 길게는 30~40분의 시간 동안 주의를 기울여 아이와 교감을 나누려고 애쓰면 아이도 감정적으로 만족감을 느껴서 평화롭게 잠자리에 들게 되는데, 그렇지 않으면 아이와의 힘겨운 싸움이 시작된다.

특히 아이들이 밤에 잠자기 전 TV를 보는 것은 자제시켜야 한다. TV는 있는 그대로의 모습을 보여주지 않을 뿐 아니라(감각의 왜곡을 불러온다), 아이들이 상업적이고 자극적인 내용에 과다하게 노출될 위험이 있다. 부모 역시 하루의 스트레스와 피로를 TV를 보며 해소하고 싶겠지만, 보고 싶은 TV 프로그램이 있다고 해도 이 시간만큼은 아이들을 위해 자신의 즐거움은 과감히 포기할 것을 권한다. 부모들은 늦은 시간까지 TV나 스마트폰을 보면서 아이들에게는 일찍 자라고 말하는 것은 어불성설이다.

아이들은 하루가 다르게 커나간다. 아이들의 뇌는 매일같이 새로운 정보를 받아들인다. 아이들이 잠을 자는 동안 뇌세포는 깨어 있는 시간에 받아들인 여러 가지 경험들을 기억 창고에 나누어 보관한다. 잠을 자는 동안 아이들의 뇌 속에서는 신경망의 연결과 분화가 활발하게 이루어진다. 그렇기 때문에 충분히 잠을 자면 충분한 휴식을 통해 면역력이 강화되는 것은 물론이고 기억력과 인지능력 또한 발달하게 된다.

영국 유니버시티 칼리지 런던의 과학자들이 지능과 수면 습관의 연관성을 연구한 결과에 따르면, 불규칙하게 잠을 자는 아이는 규칙적으로 잠을 자는 아이에 비해 언어와 수학, 공간기술 시험에서 낮은 점수를 받았다고 한다. 또한 밤잠 시간이 충분하지 않은 아이들은 공격성을 보이기 쉽고 주의력도 떨어진다고 한다.

나는 아이들이 어렸을 때 아이들이 건강하고 씩씩하게 자라나길 바라는 소망을 담아 만든, 단순한 리듬과 멜로디의 '엄마표 자장가'를 항상 불러주었다. 아이들은 지금도 그 노래를 기억한다고 한다. 아이들이 조금 더 커서 솔이가 만 다섯 살이 되었을 때부터는 잠자리에 들 때마다 단순한 구조의 옛날이야기를 반복해서 들려주었고, '잠자리에 들려주는 시'도 방문에 붙여놓고 낭송해주었다. 이를 반복하다보니 어느 순간에는 아이들도 그 시를 외워버려 함께 낭송하다 잠이 들곤 했다. 가끔씩 남편도 아이들이 잠자리에 들 무렵에 아이들 곁으로 다가와서 이야기를 들려주곤 했다. 아이들이 자주 읽는 동화책에 나오는 이야기도 들려주었지만, 꼭 책 속의 내용에 국한하지는 않았다. 아주 작은 시골 마을에서 자란 남편은 어린 시절 자신이 겪었던 이야기를 구수하게 잘 들려주기도 했다. 그 이야기가 재미있어서 나 역시 아이들 옆에 누워 덩달아 깔깔대며 재미있게 들었던 기억이 난다. 잠자리에서 아빠가 들려주던 이야기들이 인상적이었는지 솔이는 가족신문에 이런 일기를 적기도 했다.

내 아빠는 밤마다 우리에게 옛날이야기를 잘 들려준다.
동생이랑 같이 누워서 아빠 옛날이야기를 들었다.
우리는 아빠가 들려주는 옛날이야기를 좋아했다.
엄마도 아빠 옛날이야기 듣는 것이 재미있다고 같이 들었다.

아이들은 이야기를 들을 때, 각각의 장면을 사실적이고 구체적으로 떠올리지 않고 하나의 이미지나 분위기로 받아들인다. 포근한 이부자리에 누워서 엄마 아빠가 이야기를 조곤조곤 들려주면 아이들은 그 자체로 즐거움과 안정감을 느끼고 편안하게 잠들게 된다.

잠자리에서 들려주는 이야기나 노래는 새로운 것을 들려주기보다 아이들이 이미 알고 있는 친숙한 이야기나 자장가, 동요를 반복해서 들려주는 것이 좋다. 새로운 이야기나 노래는 오히려 아이를 각성시켜 잠자리에 드는 것을 방해할 수도 있다. 리듬감 있는 노래는 규칙적인 호흡을 이끌어주기 때문에 엄마의 목소리로 자장가를 들려주면 아이들이 편안하게 잠들 수 있다.

낮 동안에는 혼자서도 자유롭게 잘 놀던 아이였다고 하더라도, 잠자리에 들 때는 엄마나 아빠가 자신과 눈을 맞추고 정서적으로 교감을 나누는 시간을 가지길 원한다. 아이들한테는 빨리 잠을 자라고 해놓고 자신은 전화 통화를 한다거나 밀린 집안일을 하기보다는 그 순간에 집중해서 아이들과 함께 시간을 보내자. 아이들은 부모와 친밀한 교감을 나누고자 하는 자기 욕구가 충족되었기 때문에 기분 좋게 잠자리에 들기 쉽다.

잠자리에서 아이와 밀착된 시간을 갖는 것은 부모 스스로에게도 유익한 시간이 된다. 아이에게 이야기를 들려주고, 노래를 불러주는 그 순간에 몰입하다보면, 고되고 바빴던 바깥에서의 일들은 잠시 잊고 나와 내 가족이라는 삶의 중요한 가치에 대해 되돌아보게 된다. 한숨을 돌리고 내일을 맞이할 여유를 조금이나마 회복하게 되는 것은 물론이다.

부모 노릇 쉽게 하는 방법은 아이들이 부모와 교감을 나누고 싶어할 때 집중해서 아이와의 시간을 가지면 된다. 그때는 내가 하던 일이 무엇이든지 끊어버리고 아이에게 집중하는 용기가 필요

리듬감 있는 노래는
규칙적인 호흡을 이끌어주기 때문에
엄마의 목소리로 자장가를 들려주면
아이들이 편안하게 잠들 수 있다.

하다. 그리고 아이가 날 필요로 한다는 사실에 기뻐하며 그 요구에 순순히 나를 맡겨야 한다. 쉽지 않은 일이지만 그 정도는 아이를 키우며 얻는 기쁨에 응당 지불해야 하는 값이며 부모의 몫이라고 생각하자.

편안한 잠자리 들기에 도움을 주는 엄마표 사랑법

- 저녁식사는 자연스러운 생활 리듬에 따라 가볍게 먹인다. 보통 잠자리에 들기 약 2시간 전쯤 식사 시간을 가지면 적절하다. 저녁으로는 소화에 부담을 주는 고단백의 고기류보다 가벼운 식사가 좋다.
- 아늑하고 포근하게 잠자리를 꾸며준다.
- 재우기 전 따뜻한 물로 목욕을 시켜준다.
- 토닥토닥 아이의 등을 쓰다듬어 주거나 발 마사지를 해준다.
- 리듬이 반복되는 단순한 이야기나 자장가를 들려준다.
- 가급적 같은 시간, 같은 장소, 같은 리듬감으로 잠자리에 든다.

리듬을 회복하는 삶,
식생활

"그대 무엇을 먹는지 말하라. 그러면 나는 그대가 누구인지 말해보겠다." 프랑스의 미식가 브리야 사바랭의 말이다. 내가 먹는 것이 곧 나를 이룬다는 말이다. 오랜 교직생활을 마치고 고향으로 돌아가서 10여 년 동안 농사를 지으신 시아버님께서도 농사와 노동의 귀함을 강조하시며 "선 농부는 앉은 신사보다 귀하다"라고 항상 말씀하셨다. 이처럼 우리의 입으로 들어가는 먹을거리의 신성한 가치는 그 중요성을 여러 번 강조해도 지나치지 않다. 몸과 마음의 건강을 유지하며 올바른 사고를 하고 우리 안의 영성을 일깨우기 위해서는 자연친화적인 생활을 하며 매 끼니마다 바른 먹을거리를 챙겨먹는 일이 그만큼 중요하다.

부모가 아이의 몸을 돌본다는 것은 아이의 영혼을 돌보는 일이며, 아이의 생명을 가꾸는 일이다. 그렇기 때문에 당연한 말이지만 아이들이 먹는 음식에 각별히 주의를 기울여야 한다. 미국 서던캘리포니아대학 인지뇌과학센터의 존 앨런 교수는 『미각의 지배』라는 책에서 "우리가 음식을 먹는다는 것은 매우 정신적이며 경험적인 활동이고, 음식이야말로 내적 언어, 즉 '마음'에 가까운 것"이라고 말한 바 있다.

이토록 중요한 식사이건만 온 가족이 식탁에 모여 끼니를 함께 나누는 것이 쉽지 않은 것이 오늘날의 현실이다. 오죽하면 어떤 정치인은 '저녁이 있는 삶'을 모토로 내세우기까지 했을까. 이런 현실을 모르는 것은 아니지만 의식적으로라도 최소한 하루에 한 끼는 식구들과 함께 밥을 먹는 자리를 마련했으면 한다.

계절에 따라 제철에 맞는 음식을 먹는 것도 중요하다. 제철에 나는 음식으로 단맛, 짠맛, 신맛, 쓴맛을 고르게 맛보다보면 아이들의 미각이 어려서부터 예민하게 키워질 수 있다. 가까운 인지학 의사 선생님에게 들은 이야기인데 쓴맛은 의지력, 짠맛은 의식과 자각능력, 신맛은 생명력과 원기를 북돋아주고, 단맛은 행복감을 발달시킨다고 한다.

우리 식구는 미국에 살 때 다른 것은 몰라도 식재료만은 제철에 나는 건강한 것으로 꼭 챙겨 먹었다. 미국에서 의료보험의 혜택을 받으려면 우리나라보다 훨씬 더 많은 돈이 들어간다. 가난한 유학생 가족이었던 까닭에 우리 가족은 보험 없이 미국에서 10여 년을 살았다. 대신 건강만은 꼭 지키자는 생각으로 텃밭을 가꾸고, 유기농 식품을 파는 가게에서 먹을거리를 구했다. 지역 주민들이 회원으로 가입하여 지원하는 생명역동biodynamic 농장에서 일주일에 한 번씩 보내주는 채소로 음식을 해먹기도 했다. 참고로 생명역동 농장이란 자연의 리듬에 따른 방식으로 농작물을 키우는 농장인데, 이곳의 농법에 따르면 해, 달, 별의 움직임에 따라 열매, 꽃, 잎, 뿌리를 키우기에 각각 좋은 때가 있다고 한다. 아무래도 철마다 수확되는 작물들은 정해져 있는 터라 때로는 몇 주 동안 같은 채소만 받아먹는 경우도 있었는데 자연의 흐름을 사람이 어떻게 거스를 수 있겠느냐고 생각하며 배달되어온 제철채소를 즐거운 마음으로 먹었다.

그랬던 때문인지 네 가족 모두 타향생활을 하는 동안 큰 병 없이 무탈했다. 언젠가 한 의사가 음식과 영양에 대한 연구 사례를 모으기 위해 우리가 살던 마을에서 주민들을 대상으로 면역력 검사를 한 적이 있었는데, 우리 집 네 가족이 월등하게 면역력 수치가 높게 나와서 이웃들이 놀라워했던 일도 있었다. 실제로 우리 집에서 음식을 먹고 가면 속이 내내 편하고 정신이 맑아진다면서 종종 우리 집에 들러 밥을 먹고 가는 이웃도 있었다. 사람들은 우리 가족에게 우리 집에서 평상시에 해먹는 음식으로 마을에 식당을 개업하라고 부탁까지 했다. 식당 입구에 그때 받은 검사 결과를 붙여놓고 마케팅 자료로 활용하면 손님들이 문지방 닳도록 찾아올 것이라고 우스갯소리로 말했다.

집 근처 공터에서 텃밭을 가꾸던 일은 내 손으로 건강한 먹을거리를 직접 수확한다는 기쁨도 주었지만, 아이들이 생명의 아름다움을 배우는 기회이기도 했다. 농사를 한 번도 지어본 적이 없는 척박한 땅을 농사지을 수 있는 땅으로 만들기란 녹록치 않은 일이었다. 큰 돌을 파내고, 잡초를 뽑고, 땅을 고르게 다지기까지 쉬운 작업은 하나도 없었다. 가족 모두의 땀이 스민 그곳에서 작은 싹이 처음 나왔을 때, 현이와 솔이는 물론이고 우리 부부는 생명의 강인함에 절로 고개를 숙이게 됐다. 그렇게 키워서 거둔 식재료를 허투루 남길 수는 없는 노릇이다.

부모교육을 하다보면 엄마들이 아이들의 식습관에 대한 걱정을 종종 털어놓는다. 가끔 외식을 하러 식당에 가면 잘 먹지 않는 아이를 쫓아다니며 일일이 떠먹이는 모습도 자주 보게 된다. 하지만 안타까운 마음에 억지로 먹이려고 하기보다는 며칠 동안 아이의 식사 시간, 장소, 양을 자세하게 관찰하고 기록해볼 것을 권하고 싶다. 아이의 먹는 양과 태도를 관찰하다보면 아이의 잘못된 식습관을 이해하게 되고 대안을 찾을 수 있게 된다. 밥 안 먹는 아이가 걱정된다고 엄마들이 한 숟가락이라도 더 먹이려고 아이 입에 음식을 넣어주기까지 하는데, 이러한 습관은 오히려 편식을 부추기고 스스로 음식을 찾아 먹지 않게 만들 수도 있다.

엄마가 자녀에게 음식을 잘 먹여야 한다는 강박관념에 빠져 있을 때 아이들은 신통하게도 엄마의 마음을 꿰뚫어보고 오히려 음식을 먹지 않고 밥투정을 부린다. 아이의 식생활을 돌보는 데에 있어서도 키가 잘 크지 않을까봐, 체중이 늘지 않을까봐 조바심을 내기보다는 거리를 두고 아이를 관찰하고 바라봐주는 태도가 필요하다.

돌이켜보면 우리 가족의 면역력 수치가 높게 나왔던 것은 건강한 식생활을 유지하고자 했던 노력에 더해 스트레스를 받지 않는 생활을 했던 때문이라고도 생각한다. 당시는 솔이가 발도르프 학교 5학년, 현이가 유치원을 다닐 때였는데 공부에 대한 강요를 받지 않고 잘 자고, 잘 먹고, 잘 노는 자유로운 생활을 한 덕분에 면역력이 높았던 것이라고 생각한다.

현이의 어릴 적 소원은 언제나 '우리 가족 모두가 100살까지 건강하게 사는 것'이었다. 어릴 때처럼 "엄마 아빠 100살까지 사세요"라고 말하지는 않지만 지금도 현이는 틈틈이 우리에게 건강하게 오래 사셔야 한다고 부탁한다. 옛날에는 그 말을 그냥 웃어 넘기곤 했는데, 요즘에는 건강하게 산다는 것의 의미에 대해 예전보다 자주 생각하곤 한다. 소박한 밥상을 차려놓고 가족이나 가까운 이웃과 함께 일상을 나누는 즐거움에 대해 아는 삶, 매사에 감사하는 마음을 갖고 자연과 어우러져 자연스럽게 살아가는 삶이 진정한 의미의 건강한 삶이 아닐까.

리듬을 회복하는 삶,
축제와 의식

발도르프 학교에서는 매년 돌아오는 계절과 절기마다 흥미로운 축제들이 열린다. 봄이 오면 새싹이 솟아올라오는 것에 감사하며 새로운 생명의 시작을 기념하는 봄 축제를 연다. 여름에는 강렬한 햇빛, 바람, 비의 조화로 만물이 성장하는 것을 축하한다. 가을에는 무르익은 자연의 선물을 추수하며 감사하는 축제를 열고, 겨울에는 어두움과 추위를 내면의 빛으로 이겨나가자는 의미를 담은 축제를 열며 한 해를 마무리한다.

우리 가족은 솔이의 발도르프 유치원 입학을 계기로 처음으로 발도르프 학교에서 주최하는 축제에 갔다. 축제는 전반적으로 소박했지만 아름다웠고 그 자리에 참여한 가족들은 모두들 기대 이

현이가 다녔던 발도르프 학교의 봄 축제 모습

상으로 즐거워하는 모습이었다.

이후 아이들이 다니는 발도르프 학교의 축제는 자연스럽게 우리 가족이 한 해 생활을 계획하는 데에 중요한 이정표가 되어주었다. 축제를 전후로 하여 우리 가족은 설렘과 충만감으로 가득한 일상을 보냈을 뿐만 아니라, 더 나아가 축제를 수동적으로 보고 즐기는 것을 넘어서 우리 스스로 계획을 세우고 추진해보는 데까지 힘을 쏟게 됐다.

우리 가족은 크고 작은 다양한 축제를 기획하는 일에 적극적으로 참여하면서 다양한 사람들과 소통하며 낯선 타국에 정착하는 과정에서 느낄 수밖에 없었던 외로움도 달랠 수 있었다. 발도르프 학교 커뮤니티 안에서 정기적으로 열렸던 축제는 공동체적 가치의 의미를 재미있는 아이디어와 기획을 통해 풀어나가는 흥미로운 자리였다.

발도르프 학교의 축제를 준비하면서 나는 엄마이자 선생님으로서 축제라는 것이 아이들의 가능성을 들여다볼 수 있는 소중한 기회라는 사실도 새삼 깨달았다. 노래를 부르든 연극을 하든 앞에 나서서 표현하기를 좋아하는 아이, 앞에 나서지는 않지만 꼼꼼하게 무대를 준비하거나 필요한 물건들을 섬세하게 만드는 아이, 어떤 행사를 하면 좋겠다고 어른들도 생각하지 못한 아이디어를 제안하는 아이……. 아이들은 축제를 준비하며 저마다의 독특한 개성과 재능을 드러내게 된다. 그렇게 발견된 재능을 독려해주며 아이가 자신이 가진 빛을 더욱 밝혀나갈 수 있도록 돕는 선생님의 모습도 배울 점이 참 많았다.

축제를 준비하면서 선생님들이 아이들에게 축제의 의미를 말로 설명하지 않는 것도 인상적이었다. 대신 준비하는 모든 과정에 아이들을 참여시켜서 축제의 의미를 저마다 몸과 마음으로 느끼게 이끌어주었다. 축제를 기획하고 진행하고 마무리하기까지의 모든 과정은 어른 아이 할 것 없이 스스로가 교육과 문화의 주인이자 내 삶의 주인임을 깨닫게 해주는 배움의 여정이었다. 이미 만들어진 대중문화를 수동적인 관객의 위치에서 수용만 해오다가 문화의 주체가 되어 무언가를 창작하는 경험은 축제 준비가 아니고서는 경험할 수 없었을 소중한 체험이었다. 우리 식구가 오랫동안 타향살이를 하면서도 외로움을 견뎌내며 도깨비 방망이 놀리듯 이 일 저 일을 자유롭게 시도해볼 수 있었던 것은 축제를 통해 마음을 함께 나누었던 든든하고 따뜻한 이웃들 덕분이다.

우리 가족에게 시공간을 뛰어넘어 멋진 나눔의 순간을 마련해주었던 소중한 축제들이 정말 많았지만 여기에서는 그 가운데 가장 인상적이었던 축제 두 가지에 대한 이야기를 나누고 싶다. 여기에 실린 내용이 새로운 문화를 기획하고자 하는 이들에게 좋은 아이디어의 씨앗이 될 수 있다면 더할 나위 없이 기쁠 것 같다.

'내 안의 빛'과 만나는 시간, 사과 빛 축제 Spiral Garden of Light

발도르프 학교뿐만 아니라 지역사회에서 열리는 크고 작은 축제에 많이 참여했지만, 그중에서도 겨울에 열리는 사과 빛 축제는 여러 모로 인상적인 축제였다.

사과 빛 축제의 분위기는 아주 오묘하다. 어둠이 고요하게 스민 교실에 아름다운 하프 선율이 잔잔하게 울려 퍼진다. 교실 한가운데에서는 불이 켜진 커다란 밀랍 양초가 타오르면서 실내를 은은한 빛으로 가득 채운다. 밀랍 양초를 중심으로 구불구불한 달팽이 모양의 길이 만들어져 있는데 이것은 하나의 생명체가 지구별로 오기까지의 여정을 상징하는 것 같다. 중앙에 있는 초를 향해 들어가는 길 둘레에 곳곳에 금박지로 만든 별과 조개, 반짝이는 크리스털 돌, 다양한 모양의 인형들을 곳곳에 장식으로 두었다.

아이들과 부모들은 교실에 흐르는 아름다운 선율의 하프 멜로디와 분위기에 호기심을 느끼면서 자연스레 차분하게 행동하게 된다. 축제는 선생님이 따뜻한 환영 인사와 함께 빛에 관한 시나 짤막한 이야기를 들려주는 것으로 시작된다. 잔잔했던 하프 선율이 조금 더 커지면 선생님이 제일 먼저 밀랍 양초를 꽂은 사과를 들고 천천히 달팽이 길을 따라 걷는다. 가운데에서 빛을 발하는 양초 앞에 다다르면 들고 간 양초에 불을 옮겨 붙이고 달팽이 길을 다시 되돌아 나온다.

돌아나오는 길에는 길가를 장식한 금박지 별 위에 자신의 사과초를 내려놓는다. 선생님의 시범을 따라 아이들도 한 명씩 양초

사과 빛 축제가 열리는 교실의 모습

를 꽂은 빨간 사과를 들고 달팽이 길을 따라 걸어들어간 뒤 각자의 초에 불을 밝히고 저마다 자기 마음에 드는 별 모양 금박지 위에 초를 올려놓는다. 아이들의 촛불이 하나둘씩 더해 갈수록 하늘에 별이 하나씩 떠오르듯 의식이 이루어지는 공간은 점점 밝아진다. 아이들은 자신의 차례를 손꼽아 기다리다가도 막상 달팽이 길로 들어서면 긴장한 모습이 역력해진다.

아이들이 작은 두 손으로 양초를 쥐고 달팽이 길을 걸어들어갈 때면, 부모들은 내 아이 남의 아이 구분 없이 달팽이 길로 들어서는 아이를 응원한다. 아이들은 저마다 독특한 걸음걸이와 자기만의 방식으로 달팽이 길을 걸어들어간다. 커다란 양초가 있는 가운데까지 성큼성큼 걸어가서 불을 밝힌 초를 중앙에 놓는 아이, 조심스레 다가가 불을 밝히고는 여기에 놓을까 저기에 놓을까 한참을 망설이다가 슬그머니 초를 내려놓는 아이, 앞서간 친구를 따라

하는 아이, 달팽이 길을 따라 걷지 않고 건너 뛰며 걸어가는 아이, 까치발을 하고 걷는 아이까지 아이들의 표정과 움직임은 실로 다양하다. 단, 한 가지 공통점이 있다면 모든 아이들이 하나같이 진지한 표정이라는 사실이다. 이따금 아이들이 제 양초에 불을 한 번에 옮겨 붙이지 못해 애쓰는 모습을 보면 사람들이 자기 안의 빛을 깨닫기까지 수차례의 노력이 필요함을 느낀다.

사과 빛 축제는 아이들이 혼자의 힘으로 자신 안의 빛, 즉 내면의 숨겨진 능력을 발견해내고 그 빛으로 세상을 따뜻하고 밝게 비춰나가길 바라는 소망을 촛불 의식이라는 형식에 담아낸 축제이다. 나는 이 사과 빛 축제에 내 나름의 의미를 한 가지 더 부여한다. 보통 가운데 놓인 큰 초를 향해 들어갈 때는 시계 '반대' 방향으로 걸어들어간다. 이것은 사람이 살아가는 동안 겪게 되는 여러 가지 어려움과 시련들을 의미하는 것이 아닐까 싶다. 초에 불을 옮겨 붙이는 순간은 자기 안의 빛을 발견한 순간의 은유이며, 시계 방향(순방향)으로 나오는 것은 자신답게 사는 법을 깨닫고 마음의 평안을 찾았음을 의미한다고 내 식대로 풀이를 해보았다.

나에게는 사과 빛 축제가 한 사람씩 빛을 더하면 세상이 점점 더 환해진다는 이치 속에서 자신의 삶을 차분히 바라보는 일의 의미를 깨닫게 해주는 축제다. 모두가 불을 밝힌 후 고요히 타오르는 촛불들 앞에 모여 서는 마지막 순간이 되면 이를 지켜보는 부모들까지 성스러운 의식을 치른 듯 숙연해진다.

행사가 끝나면 선생님이 사과 초를 거두어 집으로 돌아가는 아이들에게 하나씩 나눠준다. 우리 식구는 한동안 아이들과 잠들기 전에 사과 초를 켜고 고요히 불빛을 바라보며 그날을 되돌아보는 의식을 가지곤 했다. 아이들이 그 시간에 어찌나 몰두했었는지 하루는 솔이가 그 사과 초를 너무 가까이에서 들여다보다가 앞머리 몇 가닥을 태워버렸을 정도였다.

아이들을 위한 사과 빛 축제가 열린 그다음 주 월요일 아침에는 같은 장소에서 부모들을 위한 빛 나누기 축제도 열렸다. 부모들도 아이들과 같은 방식으로 의식을 치른다. 우리 가족은 매년 겨울마다 열리는 이 축제에 15년 넘게 참여하면서 한 해를 돌아보고 한 시절을 매듭 짓고 마무리하는 태도를 자연스레 익혔다.

상상력의 꽃을 피운 할로윈 축제

미국에서 매년 10월 31일은 할로윈이라고 해서 아이들이 재미난 복장을 하고 집집마다 돌아다니면서 사탕과 초콜릿을 얻으러 다니는 축제가 열린다. 미국에서 첫 할로윈을 맞았을 때 우리 가족은 이게 무슨 유령 축제인가 싶어서 어리둥절했다. 우리 가족이

미국 생활을 시작하던 1990년대 후반만 해도 할로윈은 한국인들에게 낯선 외국 풍습이었다. 그러하니 어찌해야 할지 몰랐던 것은 당연지사. 다행히 주위의 미국 친구들이 이날 아이들에게 사탕이나 초콜릿을 대접하지 않으면 귀신들이 해코지한다는 속설이 있다고 귀띔해주어서 우리 가족의 문화적 충격을 달랠 수 있었다.

할로윈 즈음이면 미국 사람들은 커다란 주황색 호박에 눈, 코, 입을 파서 얼굴처럼 만들고, 밤이 되면 그 안에 초를 켜 넣어 불을 밝히고 축제 분위기를 한껏 낸다. 축제 당일 저녁이 되면 아이들은 집집마다 돌아다니며 "Trick or Treat(과자를 안 주면 장난칠 거예요)"이라고 말하며 어른들로부터 사탕이며 초콜릿이며 한 바구니 받아온다.

할로윈 축제는 죽음의 신 삼하인Samhain을 받들어 다가올 겨울과 새해를 대비하고자 했던 아일랜드 켈트족의 삼하인 축제에서 비롯됐다고 한다. 켈트족들은 10월 31일을 한 해의 마지막 날로 여겼고, 이날 죽은 사람들의 영혼이 앞으로 자신들이 1년 동안 들어가 있을 몸을 찾아 지상으로 내려온다고 생각했다. 이날 평소의 자신과는 다른 복장을 하거나 조각한 순무나 호박 안에 불을 밝히는 풍습은 죽은 사람의 영혼이 자기 몸에 들어오는 것을 막고, 혼령들을 놀래주기 위해서라고 한다. 그런데 언제부터인가 할로윈데이는 마치 밸런타인데이처럼 본래 의도와는 달리 '상업적인 코스튬, 사탕, 초콜릿이 팔려나가는 날'이 되었다.

이런 시류에 반하여 어느 해부터 아이들이 다니던 샤이닝 마운틴 발도르프 학교의 학부모들이 할로윈의 본래 의미를 경건하게 살리는 재미난 축제를 기획하자는 데에 의견을 모았고, 우리 가족도 의기투합을 하게 됐다. 미국 주류 문화인 할로윈의 상업성에 대한 비판과 반성 그리고 이에 대한 대안으로 '이야기 나라 여행'이라는 주제로 할로윈 축제를 추진하게 된 것이다.

할로윈에는 학생들이 오전 수업을 마치고 학교 마당에 모여 할로윈 복장을 한 채로 퍼레이드를 한다. 특기할 만한 것은 발도르프 학교의 아이들은 대부분 코스튬을 사지 않고 독특한 개성을 살린 옷을 집에서 손수 만들어 온다는 사실이다. 이날 학교에 가면 박스, 천, 앞치마, 모자, 어른의 헌옷 따위로 정말 다양하고 재미있게 만든 옷을 입은 아이들을 볼 수 있다. 어린아이들은 건강한 일을 하는 사람들의 코스튬을 만들어 입기도 한다. 아이들은 농부, 어부, 의사, 간호사, 청소부, 빵 만드는 사람, 소방관 등으로 변신한다. 혹은 엄마 아빠 모습으로 변장하기도 하고, 아름다운 동화 속 주인공의 모습을 따라하기도 한다.

아이들의 퍼레이드가 끝나면 부모와 선생님, 고학년 학생들은 학교 밖의 지역 주민들까지도 참여하게 될 할로윈 밤 축제를 위해 본격적으로 바빠진다. 해가 지고 날이 어두워지면 아이들이 직접 만든 주황색 호박등이 학교 곳곳에 놓여 할로윈 여행객들이 걸어 다닐 통로를 밝힌다. 학교 마당에는 의자 역할을 할 건초 묶음을 둥그렇게 모아 배열하고, 마당 가운데에는 큰 모닥불을 피워 아이들과 부모들이 한데 어울려 노래를 부를 수 있는 장이 마련된다.

여기까지는 여느 할로윈 행사와 크게 다르지 않다. 대안적인 메시지를 품은 우리 할로윈 행사의 백미는 그때부터였다. 이윽고 흰 드레스를 입고 천사로 분장한 고학년 학생들이 나타나 마당에 모인 사람들을 그룹별로 학교 강당으로 데려간다. 강당에서는 왕과 왕비로 분장한 학부모가 마법의 이야기 나라로 온 것을 반갑게 환영해준다. 멋진 이야기 나라로의 여행이 시작된 것이다.

유치원 아이들이 사용하는 교실 입구에서는 땅속 나라의 난쟁이로 변장한 학부모가 보석을 캐듯이 망치질하는 시늉을 하며 실제로 이야기 나라가 있는 듯한 분위기를 이끌어낸다. 교실 한 켠에서는 이야기꾼이 등장해 아름다운 자연석과 광물이 가득한 굴처럼 꾸며진 공간에 걸맞은 환상동화를 들려준다. 이야기가 끝난 후 아이들은 반짝이는 작은 돌을 선물treat로 받는다.

옆 교실인 음악 교실은 숲 속 요정들의 나라로 꾸며졌다. 숲 속을 걸어가던 기사가 말에서 떨어져 힘들어할 때 요정들이 나타나 어루만져주고 위로해준다는 이야기를 라이어(하프의 일종) 연주를 곁들인 오이리트미(발도르프 교육 커리큘럼 중 하나로 음악이나 시에 맞춰 조화로운 몸짓으로 표현하는 신체 활동) 공연으로 보여준다. 이야기가 끝나면 아이들은 기사를 회복하게 해준 요정들의 꽃가루를 선물로 받는다.

그다음 교실은 우리에게 잘 알려진 이솝 우화의 '여우와 신 포도 이야기' 무대로 꾸며졌다. 선생님이 익살스럽게 들려주는 우화를 듣고 아이들은 건포도를 선물로 받는다. 다음 순서는 말, 염소, 양들이 있는 마구간이다. 마구간 안에서 동물들과 함께 실제 농사를 짓는 농부 가족의 이야기를 듣고 별 모양의 쿠키를 선물로 받는다. 이런 식으로 아이들은 계속해서 천사로 분장한 안내자를 따라다니며 의미가 깃든 작은 선물들을 받는다.

이윽고 마지막 방에 들어가면 이야기 아주머니로 변장한 선생님이 할로윈의 유래에 관한 이야기를 아이들에게 들려준다. 방을 옮겨가며 재미있는 이야기를 듣다보면 어느새 학교를 한 바퀴 다 돌게 되고 특별한 할로윈 여행이 끝이 난다.

손님들이 집으로 돌아가고 나면 부모와 선생님, 고학년 학생들은 학교를 원래대로 돌려놓느라 다시 또 바빠진다. 내년 할로윈을 기약하며 무대 소품과 장식품을 잘 떼어내 깔끔하게 정리하는 일들이 남아 있기 때문이다. 이렇게 매년 할로윈마다 학교는 즐겁고 아름다운 환상의 공간이 되어 발도르프 학교를 다니지 않는 지역사회의 어린이들과 부모들에게까지 개방된다. 이렇게 기존 관습에서 벗어나 창의적으로 기획된 첫 번째 할로윈이 끝난 뒤 이듬해부터는 지역의 부모들이 일찌감치 5달러짜리 입장권을 구입해둘 정도로 아이들이 다녔던 발도르프 학교의 할로윈 축제는 인기가 많았다.

나는 이후 몇 년 동안 아이들 학교의 할로윈 행사 때마다 음악교실에서 라이어 연주를 담당했다. 라이어는 레미솔라시 온음 5음계로 구성된 조그만 하프다. 마치 아이를 안은 것처럼 라이어를 가슴에 안고 연주하다보면 고요하고 자연스럽게 울리는 선율에 나도 모르게 마음이 편안해지곤 했다. 라이어 연주를 하면 색다른 할로윈을 즐기러 온 사람들의 얼굴을 자연스레 보게 된다. 아이들뿐만 아니라 함께 온 부모들도 어린 시절로 돌아간 듯이 평온하고 환한 표정을 지을 때마다 뿌듯함으로 벅차올랐던 기억이 난다. 추위가 본격적으로 시작되는 계절, 구성원 모두가 온 정성을 다해 마련한 대안적인 할로윈 행사를 통해 더불어 사는 삶의 기쁨이 무엇인지 새삼 느낄 수 있었다.

엄마표 생활예술 놀이 2

사계절을 온몸으로 느껴봐요 - 계절탁자 꾸미기

발도르프 유치원이나 학교 교실 한 켠에는 아이들이 계절의 흐름과 변화를 느낄 수 있도록 '계절탁자' 공간이 만들어져 있다. 나는 이 계절탁자라는 공간이 주는 자연스러움과 의미가 좋아서 우리 집 거실 한쪽에도 작은 테이블을 놓아 계절탁자를 만들고 철이 바뀔 때마다 계절감이 느껴지는 자연물들을 올려두었다.

봄에는 봄꽃과 양모로 만든 계란을, 여름에는 종이배나 바닷가에서 주워 온 조개껍데기와 소라를, 가을에는 텃밭에서 수확한 호박과 산책길에서 주워온 낙엽이나 도토리를, 겨울에는 밀랍 양초나 양모로 만든 인형 등을 계절탁자에 올려놓았다.

계절감에 맞는 물건이 아니더라도 아이들은 바깥에서 놀다가 재미난 것들을 발견하면 우리 집 계절탁자에 올려놓겠다고 하며 돌멩이며, 나뭇가지며 가져오곤 했다. 때로는 유치원이나 학교에서 만든 작품들도 계절탁자에 올려두고 즐거워했다.

©블루스카이 유치원

ⓒ국제유아교육 심포지엄 '늦게 피어도 아름다운 꽃' 출품작 〈가을계절 탁자〉 | 장연미

Tip 이렇게 꾸미면 더 좋아요!

* 여름이라면 항아리 뚜껑이나 유리 그릇에 물을 담아 그 안에 꽃잎, 조개껍데기, 자갈 등을 넣어서 조금 더 입체적이고 시원하게 계절탁자를 꾸며도 좋다. 물이 엎질러질 것이 걱정된다면 파란색 실크 천을 깔아 그 위에 자연물을 올린다.

* 가을이라면 바닥에 수북이 쌓여가는 빨강, 노랑, 주황 색색의 낙엽을 가득 주워와 화환처럼 엮어서 계절탁자에 올려도 예쁘다. 이때 바싹 마른 낙엽보다는 갓 떨어진 낙엽을 사용하는 것이 좋다. 천연 밀랍을 녹여서 낙엽에 살짝 묻혀주면 향도 좋고, 낙엽 색깔도 한층 더 선명해질 뿐만 아니라 밀랍 코팅이 되어서 시간이 지나도 낙엽이 부스러지지 않는다.

* 겨울이라면 화분 받침이나 항아리 뚜껑에 흙을 조금 올린 뒤 그 위에 비단이끼를 올려준다. 비단이끼는 종묘사나 꽃집에서 비싸지 않은 가격에 구할 수 있다. 군데군데 솔방울이나 예쁜 자갈 등을 올려서 꾸며도 좋다. 이끼 위에 분무기로 물을 뿌려주면 가습효과도 누릴 수 있다.

PLUS TIP

발도르프 교육 현장 생생 인터뷰 2

"

일상생활에서
가장 중요한 것 하나를
꼽으라면 바로
건강한 리듬입니다.

"

인터뷰이인 테리 라인하트 선생님은 18년 동안 미국 콜로라도 주 덴버에 있는 발도르프 학교에서 일했으며 어린이 그림책 작가이기도 하다. 아이들에게 이야기를 들려줄 때가 가장 즐겁다고 말하는 그녀는 현재 발도르프 교육 현장을 은퇴한 뒤 덴버에 있는 자신의 집에 수공예 스튜디오를 열어 부모교육과 아이들과 함께할 수 있는 예술 활동에 대한 수업을 진행하고 있다.

★ 어떻게 발도르프 교육과 관련된 일을 하게 되었나요?

신혼 시절 남편의 친구를 통해 발도르프 교육이라는 것을 처음 알게 되었어요. 특히 발도르프 커리큘럼 가운데 아이들에게 이야기를 들려주는 방식에 매력을 느꼈지요. 그래서 몇 년 후 우리는 아들을 발도르프 유치원에 보내려고 했어요. 그러나 안타깝게도 학비를 낼 만큼 형편이 되지 못해서 학비를 대신해 유치원에서 몇 년 동안 보조교사로 일했어요.* 그 뒤 한 반을 책임지는 담임선생님도 하게 됐지요. 지금에 와서 드는 생각이지만 정식으로 발도르프 교사 훈련 프로그램을 거쳤다면 더 좋지 않았을까 싶어요.

---

* 발도르프 학교는 사실 많은 부모들이 쉽게 선택할 수 있는 곳은 아니다. 미국의 사립 발도르프 학교는 1년 학비가 대략 10,000~20,000달러(지역에 따라 다르다) 정도여서 부모로서는 큰 결단을 해야 한다. 물론 장학금 제도도 있기 때문에 최대 50퍼센트까지 지원받을 수는 있지만, 그렇다 해도 저렴한 학비는 아니다. 다행스럽게도 최근 미국에서는 경제적인 이유로 발도르프 교육에 참여하지 못했던 부모들이 뜻을 모아서 발도르프 교육의 가치관을 실현하고자 하는 공립 실험학교를 활발하게 세우고 있다.(약 60여 개) 또한 발도르프 교육에 영감을 받아 이를 바탕으로 홈스쿨링을 하는 가족도 많이 늘어나고 있다.

★ 어린아이들에게 가장 중요한 것은 무엇이라고 생각하나요?

사랑, 따뜻함, 기쁨, 유머 등 많은 것들이 중요합니다만, 아이들의 일상생활에서 가장 중요한 것 하나를 꼽으라면 '건강한 리듬'을 꼽겠어요. 아이들의 하루 리듬은 단순해야 해요. 우리 아들의 집에는 TV도 없고 장난감도 많이 없습니다. 그나마 있는 장난감 대부분은 집에서 만든 것이고 단순한 형태죠. 우리 손자들은 모래밭에서 흙을 파고 길을 만들며 놀거나 간단한 집안일을 도우며 놀아요. 간소하지만 몸에 좋은 건강한 음식을 먹고 많은 시간을 놀고요. 일정한 시간에 낮잠과 밤잠을 자는 단순한 생활을 합니다.

★ 어린아이들을 키우는 엄마들에게 꼭 해주고 싶은 조언이 있다면 무엇이 있을까요?

저는 망설임 없이 '스크린을 끄십시오, 스마트폰도 가능한 절제해서 사용하세요'라고 말하고 싶어요. 예전에 라스베이거스에 있는 카지노에 한번 가본 적이 있어요. 많은 사람들이 슬롯머신 앞에 앉아 기계의 일부가 된 것처럼 오직 버튼만 누르고 있는 모습을 봤지요. 그때 그 공간에 수백 명의 사람이 있었는데도 마치 건물이 텅 빈 것 같은 충격을 경험했어요. 이는 물론 극단적인 사례겠지요. 하지만 스마트폰이라고 이와 다를까요? 스마트폰은 우리가 다른 사람과 실제로 접촉하는 것, 또 내 아이와 교감하는 것을 방해하잖아요. 부모가 컴퓨터와 스마트폰에 몰두해 있을 때 혹시 내가 카지노에서 느꼈던 감정을 당신의 자녀들이 똑같이 느끼고 있지는 않을까요?

★ 가족의 일상을 풍요롭게 하려면 어떻게 해야 할까요?

요즘 아이들은 너무 일찍부터 정해진 활동(체육 수업, 음악 레슨 등)을 몇 가지씩 하는 경향이 있어요. 그런데 이러한 활동들 때문에 오히려 아이들이 스스로 탐험하고 상상하며 어른의 도움 없이 문제를 해결하는 방법을 배울 수 있는 진정한 자유놀이 시간이 사라지게 됐어요. 자유놀이야말로 아이들이 삶을 배우는 최고의 방법입니다.

그리고 한 가지 더. 아이들이 흥미로워하는 일이 무엇인지 항상 주의를 기울이되 너무 지나친 관심은 오히려 도움이 되지 않는다는 걸 기억했으면 해요. 아이들을 부모 관심의 최우선에 두지 않도록 하세요. 아이들을 지켜보는 것은 필요하지만, 부모가 늘 아이들의 놀이 친구가 되어줄 필요도 없어요. 아이만을 바라보지 말고 부모 자신의 행복을 추구하는 것이 중요해요. 무엇보다도 부부가 사랑을 바탕으로 서로를 사려 깊게 존중해줘야 합니다. 아이들은 부모가 무엇을 하는지, 서로를 어떻게 대하는지를 그대로 따라 배워요.

너는 왜 그렇게 꾸물거리니
너는 왜 그렇게 장난만 치니
우리는 어른의 입장에서
아이의 행동을 쉽게 나무랍니다.

하지만 어떤 아이는
새로운 것을 받아들이는 데
조금 시간이 걸릴 수 있습니다.

또 어떤 아이는
자기 안의 에너지를 주체하지 못하고
마음껏 발산해야만 성이 풀리기도 합니다.

자신의 기질을 억압받지 않고 자란 아이는
자유로움 속에서 나날이 변화하고 성장합니다.

지금 당신은, 당신의 자녀를 얼마나
있는 그대로 바라봐주고 있습니까?

Part 3

기질을 존중하는 교육

"인간이 아무리
모양을 잡아준다고 해도
결국 나무는 타고난 방식으로 자란다.

어린아이를 벌줄 때에도
이것을 기억하라.

천성이 더 강하기 때문에
아이는 결국
그 잠재력대로 자란다."

_ 레프 톨스토이

기질을 이해하면 아이가 보인다

같은 부모 밑에서 나고 자란 형제라고 할지라도 그 성격과 성향은 사뭇 다르다. 유전자가 100퍼센트 일치하는 일란성 쌍둥이조차도 각각이 선명하게 구별되는 고유한 개체성을 갖고 있다. 이렇듯 유전적인 요인이나 환경적인 요인으로는 콕 집어서 설명하기 어려운 저마다의 독특한 개성을 '기질'이라고 부른다.

우리가 살면서 흔히 저지르는 실수 가운데 하나는 다른 사람들이 나와 같은 마음으로 행동하기를 바라는 것이다. 하지만 사람마다 어떤 기질이 우세하느냐에 따라 같은 환경, 같은 자극에도 저마다 다른 반응이 이어진다. 타인과 내가 다를 수 있음을 역지사지의 자세로 이해할 수 있으면 좋을 텐데 그게 말처럼 쉽지만은 않다. 천륜이라는 가장 가까운 사이인 부모와 자식 사이에서도 이런 문제는 피해갈 수 없다.

이럴 때 기질에 대해 이해하고 나면 가족 간에 좀 더 조화로운 관계를 만들어나가는 데에 도움을 받을 수 있다. 그렇다고 해서 정형화된 기질론에 얽매이지는 말았으면 한다. 기질별로 유형을 나누는 것은 판단과 이해의 편의를 위한 것일 뿐이다. 나와 아이들, 내 주변 사람들을 진심으로 이해하고 삶의 지혜를 얻고자 하는 마음으로 기질론을 유연하게 받아들이면 좋겠다.

기질을 의미하는 영어 'temperament'는 라틴어 'tempera'에서 유래한 말인데, 이는 '섞다, 혼합하다(to mix, to combine)'라는 의미를 지닌다. 어원에서도 알 수 있듯이 기질은 기질 자체의 특성을 존중하는 것과 더불어서, 서로 다른 기질들을 어떻게 조화롭게 섞이도록 만드느냐는 것도 중요하다.

발도르프 교육의 창시자인 루돌프 슈타이너는 인간의 다양한 모습을 이해하고 받아들이는 것을 교육의 바탕이라고 생각했다. 그는 이와 같은 철학 아래, 사람들의 성향을 크게 네 가지로 분류하여 파악하고자 했다. 슈타이너의 기질에 대한 이해에 따르면 사람의 기질은 크게 다혈질Sanguine, 담즙질Choleric, 우울질Melancholic, 점액질Phlegmatic 네 가지로 구분된다. 사실 기질론을 최초로 주장한 것은 슈타이너가 아니다. 서양의학의 아버지로 불리는 고대 그리스의 의학자 히포크라테스는 기원전 4세기경에 이미 자연을 구성하는 네 가지 요소인 공기, 불, 흙, 물과 상응해 인간의 몸속에도 혈액, 황담즙, 흑담즙, 점액이라는 네 가지 체액이 있다고 보았고, 어떤 체액의 활동이 우세하느냐에 따라 기질이 나뉜다고 보았다. 슈타이너는 공기의 가볍고 건조한 성질은 다혈질, 불의 따뜻하고 솟아오르는 성질은 담즙질, 땅의 무겁고 차가운 성질을 우울질, 물의 습하고 머무르는 성질은 점액질로 구분했다.

네 가지 기질의 우세한 정도는 연령에 따라 달라지기도 한다. 보편적으로 어린아이들은 다혈질 기질, 청소년기와 청년기에는 역동적인 담즙질 기질, 중년기에는 우울질 기질, 노년기에는 점액질 기질이 짙어진다. 슈타이너는 부모와 선생님이 이 네 가지 기질에 대한 이해를 토대로 아이들의 고유성을 이해하려는 노력을 기울이고, 주의 깊은 관찰로 그 기질이 조화롭게 표출될 수 있도록 해야 한다고 강조했다.

자신의 기대와 종종 어긋나는 아이의 모습에 실망이 차오르던 부모라도 아이의 기질에 대한 이해가 선행된다면 같은 모습에서 내 아이만의 장점과 빛나는 모습을 발견할 수 있을 것이다. 아이의 기질을 파악하기 위한 체크리스트를 통해 우리 아이가 어떤 기질에 가까운지 살펴보고, 고쳐야 할 단점으로 여겨졌던 내 아이의 성격이나 발달상의 모습에서 새로운 가능성을 찾아보자.

다혈질 기질이 강한 아이

계절로 따지면 봄, 생애주기 연령으로 따지면 어린아이를 연상하게 하는 다혈질 기질은 공기의 성질처럼 가볍고 변화무쌍한 성향을 갖고 있다.

* 놀이를 할 때 친구를 많이 필요로 하고, 관계지향적인 성향을 보인다. □
* '지금, 여기'라는 현재적 상황에 충실하다. □
* 행동이 날쌔고 가벼우며 활기가 넘친다. □
* 다양한 일에 관심이 많다. □
* 생기발랄함으로 주변 사람들을 즐겁게 해준다. □
* 대화를 나눌 때 질문이 많고, 맥락을 벗어난 엉뚱한 말도 잘 꺼낸다. □
* 주어진 일을 하는 것보다 자유로운 방식으로 하는 일을 좋아한다. □
* 친구들과 놀 때 '우리 이렇게 해보자'는 식의 새로운 제안을 주도한다. □
* 단순하게 반복하는 일을 지루해하며, 흥미를 갖는 일이 자주 바뀐다. □
* 주변 환경의 자극을 많이 받는 편이다. □

*** 지금 이 순간이 재미나고 즐거운 다혈질 아이를 대하는 부모의 태도**

지금 이 순간을 즐겁게 받아들이는 다혈질 아이는 '상상놀이'를 충분히 할 수 있도록 배려해준다. 아이가 관심을 가지는 일에 대해 깊이 공감해주며 관심과 흥미를 지속할 수 있도록 도와주면 좋다. 이 기질의 아이들은 끈기나 지구력이 다소 부족하기 때문에 무엇이 중요한지, 마무리를 왜 해야 하는지를 지속적으로 상기시켜주며, 관심 영역을 지구력 있고 깊이 있게 탐구해나가도록 이끌어주면 좋다.

- Before

"엉뚱하고 어수선해서 제가 다 정신이 없을 지경이에요."

- After

"어떻게 이런 반짝이는 생각을 해내는지 너무 기특해요."

담즙질 기질이 강한 아이

계절로 따지면 여름, 생애주기로 따지면 사춘기 내지 청년기에 해당하는 담즙질은 불의 성질처럼 에너지가 충만하다.

* 에너지가 넘친다. ☐
* 새로운 환경을 두려워하지 않는다. ☐
* 목표의식과 자기주장이 강하다. ☐
* 미래지향적이고 진취적이다. ☐

* 앞으로 무엇을 할 것인지 계획을 묻는 질문을 자주 던진다. □
* 자신의 욕구를 해결하기 위한 요구사항이 많은 편이다. □
* 쉬는 방법을 잘 모른다. □
* 빠르게 행동하며, 경쟁심이 많다. □
* 자율적인 선택권이 있을 때 잠재력을 발휘한다. □
* 누군가에 의해 통제받는 것을 잘 견디지 못한다. □

*** 세상과 미래에 관심이 많은 담즙질 아이를 대하는 부모의 태도**

담즙질 기질의 아이들은 무엇이든 자율적으로 해나가고 싶어 하고, 부모가 자기를 인정해주고 지원해준다는 느낌을 충분히 받고 싶어 한다. 그러므로 놀이든 공부든 강요하거나 억압하지 않고 자율성을 충분히 갖게 해주어야 한다. 이 기질의 아이들은 자기주장이 강한 편이므로 아이의 유머 감각과 감수성을 이끌어내어 다른 사람들의 감정을 예민하게 읽을 수 있도록 배려해주어야 한다. 부모가 먼저 주변 사람들과 만남이나 관계를 맺어갈 때 경쟁적이고 방어적인 태도를 보이기보다는 우호적인 태도를 보여주면 좋다. 담즙질 기질의 아이들은 다른 사람들도 자신만큼 그 일을 잘 해낼 것이라는 존중과 신뢰의 태도를 배우는 것이 필요하다.

- Before

“에너지가 넘치고 자기주장이 강해 감당하기 어려울 정도예요.”

- After

“언제나 씩씩하고 강단 있는 모습에 안심이 돼요.”

우울질 기질이 강한 아이

계절로 따지면 가을, 생애주기로 따지면 장년기에 해당하는 우울질은 대지(흙)의 성질처럼 따뜻하지는 않지만 깊고 넓은 통찰력과 포용력이 있다.

* 거리를 둔 채로 상황을 관망한 뒤 움직인다. □
* 규칙을 따르는 것을 중요하게 생각한다. □
* 같은 상황이라도 부정적인 결과를 더 많이 생각한다. □
* 무슨 일이든 완벽하게 해내려고 한다. □
* 생각하는 것을 좋아하며, 또래에 비해 조용한 편이다. □
* 겉으로는 슬퍼 보이나 생각이 아주 깊다. □
* 동시에 여러 친구를 사귀는 것을 힘들어한다. □
* 무언가를 해야 할 때 왜 해야 하는지를 알고 싶어 한다. □

* 자잘한 사실들도 기억을 잘하는 편이다. □
* 새로운 일을 할 때 충분히 준비할 시간이 주어져야 한다. □

*** 과거의 일을 잘 기억하는 우울질 아이를 대하는 부모의 태도**

우울질 기질의 아이를 대할 때 중요한 것은 무엇보다 아이의 이야기를 들어주려는 태도이다. 만일 아이가 슬픔이나 분노 등 부정적인 감정에 빠져 있더라도 아이의 감정을 섣불리 즐겁게 해주려고 하지 않는다. 대신 아이의 이야기를 충분히 들어주고 난 후 비슷한 상황에 대한 다른 사람들의 이야기를 들려주면 좋다. 엄마가 자신의 아픔과 고민을 진정으로 이해하고 있다는 것을 아이가 알게 되면 아이가 주변의 아픔에 대해 공감하고 이해하는 데에 도움이 된다.

- Before

"매사에 조심스럽고 불평불만이 많아서 걱정이에요."

- After

"사려 깊고 의젓한 모습이 믿음직스러워요."

점액질 기질이 강한 아이

계절로 따지면 겨울, 생애주기로 따지면 노년기를 연상하게 하는 점액질은 일상생활 속에서 누리는 생리적 만족감과 정서적 안정감이 다른 기질보다 중요하다.

* 항상 느긋하며 행동에 늘 여유가 있다. □
* 환경의 변화를 좋아하지 않는다. □
* 잠을 많이 자는 편이고, 먹는 것도 즐기는 편이다. □
* 감정의 변화가 적고 침착하다. □
* 새로운 일을 시도할 때 많은 시간이 걸린다. □
* 한 번 시작한 일은 시간이 오래 걸리더라도 끝까지 해내는 끈기가 있다. □
* 반복되는 일을 지루해하지 않고 즐겨하는 편이다. □
* 단순한 반복과 리듬이 있는 이야기를 좋아한다. □
* 다른 사람의 이야기에 귀를 잘 기울이는 편이다. □
* 종종 시치미를 떼고 유머 감각을 발휘하기도 한다. □

*** 현재에 만족하기를 잘 하는 점액질 아이를 대하는 부모의 태도**

점액질 기질의 아이들은 안정된 리듬과 계획 안에서 반복하기를 좋아하기 때문에 결과나 행동을 재촉하지 않아야 한다. 대신 부모가 침착한 태도로 중간 단계의 목표와 해내야 하는 기본 과제, 마감 기한을 상기시켜주도록 한다. 행동이 다소 느리고 몸을 움직이는 것을 즐기지 않으므로 직접 몸으로 체험해볼 수 있는 다양한 기회를 마련해주면 좋다.

- Before

"우리 아이는 너무 굼떠요. 내 인내심을 항상 시험해요."

- After

"우리 아이는 끈기와 지구력이 대단해요."

비판과 판단 대신
있는 그대로 보아주자

내가 부모교육을 하며 만난 사람들이 토로하는 양육의 어려움은 공통적으로 기질의 문제를 바탕에 깔고 있는 경우가 많았다. 자신과 너무 비슷한 모습이어서 어려움을 호소하는 경우도 있고, 반대로 기질이 너무 달라서 힘들어하는 경우도 있었다.

내 아이의 기질을 이해하기 위해서는 무엇보다 아이를 비판하거나 판단하기보다는 주의 깊게 관찰해야 한다. 이게 말은 쉽지만 생활 속에서 실천하기란 쉽지 않은 일임을 잘 안다. 왜냐하면 부모들의 마음속에는 저마다 자신이 이상적으로 생각하는 아이의 이미지가 있기 때문이다. 그 모습은 부모 각자의 욕망에 따라 다른 모습을 하고 있을 것이다. 어떤 부모는 내 아이가 공부를 잘하는 아이이길 소망할 것이다. 또 어떤 부모는 학문적인 성취가 뛰어난 아이보다 인성과 도덕성이 강한 아이를 이상적으로 여길 수도 있다. 내 아이가 적극적이고 활동적이기를 바랄 수도 있고, 반대로 차분하고 침착한 아이였으면 할 수도 있다. 물론 아이를 키우다보면 양육의 목표나 기준을 저마다의 눈높이로 세우게 되는 것은 당연하다. 그러나 잊지 말아야 할 사실이 있다. 그것은 바로 이 목표나 기준이 부모들 자신의 기질에 따라 세워진 목표이자 기준이라는 사실이다.

부모교육 강의를 할 때 참석자들에게 종종 건네는 질문이 있다. "아이들에게 가장 화낼 때가 언제인가요?" 이 질문에 많은 분들이 "내가 싫어하는 내 모습이나 행동을 내 아이가 똑같이 보여줄 때요. 그때는 나도 모르게 화가 많이 나요"라고 이구동성으로 답한다. 부모는 나의 못난 부분을 자식을 통해 볼 때 불편하다. 자신이 부족하다고 느끼고 못마땅해하는 모습을 내 아이가 그대로 닮았을 때, 잔소리를 하게 되고 그 모습을 바꾸고 고치라고 강요하게 된다.

반대로 부모와 자식의 기질이 서로 달라서 갈등이 빚어지는 경우도 있다. 부모상담을 하며 경험한 일이다. 기질적으로 소심하고 조심스러운 우울질 성향의 엄마가 모험적이고 대범한 성격의 담즙질 아이를 키우는 어려움에 대해 하소연을 했다. "저는 제 아이

부모는 자기 마음속에 형성된
이상적인 아이의 이미지를 버리고,
내 아이의 모습을 주의 깊게 관찰하여
있는 그대로 이해해야 한다.

그것이 아이와 건강한 관계를 만드는 첫걸음이다.

를 지켜보다보면 마음이 조마조마해서 화병이 생길 지경이에요. 아이가 늘 천둥벌거숭이처럼 날뛰고 에너지가 넘치는데 저는 그 모습이 불안해서 견딜 수가 없어요. '정말 지켜만 보고 있어도 되나?', '하지 말라고 제지해야 하나?' 온갖 생각이 다 들어요. 실제로 사고가 나기도 했고요. 제가 정말 잘 하고 있는지 확신이 안 들어요."

나의 경우를 말하자면 큰아이가 딸이었음에도 불구하고 동네 놀이터의 미끄럼틀 지붕 위부터 농구 골대에 이르기까지 위험한 곳들을 두루두루 올라다닐 때에는 가슴이 철렁 내려앉기도 했다. 그러나 그때마다 나는 아이의 행동을 크게 제지하지 않았다. 주변 사람들이 나의 그런 태도를 오히려 걱정하며 간 큰 용감한 엄마라고 놀릴 정도였다. 신기한 것은 위험천만해 보이는 곳들을 종횡무진하고 돌아다녔던 큰아이가 생각보다 크게 다치거나 사고 났던 일이 없었다는 사실이다.

그것은 어쩌면 운이었을 수도 있고, 아이 스스로 자신이 감당할 만큼의 범위에서 움직였기 때문일 수도 있다. 여기에 더불어서 나는 엄마가 불안한 마음을 갖지 않고 아이의 모험과 도전정신을 응원해주고 바라봐주었던 것이 아이에게 어떤 힘을 주었던 것은 아닐까도 조심스럽게 짐작해본다. 그렇게 거리를 두고 아이의 행동을 관찰하는 데 중심을 두다보니 아이의 행동을 제지하느라 실랑이를 벌일 일도 극히 드물었다.

어떤 경우에 해당하든지 간에 아이와의 갈등을 해결할 수 있는 열쇠는 부모가 아이의 모습을 '온전히 있는 그대로' 받아들이는 데서 출발한다. 그러고 나서야 비로소 나와 내 아이가 어떻게 다른지, 그리고 그 다름과 차이를 어떻게 이해할지 생각할 수 있는 여유가 생긴다. 부모는 자기 마음속에 형성된 이상적인 아이의 이미지를 버리고, 내 아이의 모습을 주의 깊게 관찰하여 있는 그대로 이해해야 한다. 그것이 아이와 건강한 관계를 만드는 첫걸음이다.

아이들의 기질 가운데 어느 기질은 좋은 것이고, 어느 기질은 나쁘다고 판단을 내릴 수는 없다. 단지 각각의 기질이 '다르다'라고 말할 수 있을 뿐이다. 우리가 살아가는 자연도 계절마다 표정이 시시각각 변한다. 어느 계절이든 그 계절이 가진 좋은 점과 힘든 점이 있듯이 아이들의 기질도 그 기질이 발현되는 정도와 환경에 따라 장점이 되기도 단점이 되기도 할 뿐이다.

저마다의 개성을 드러내는 아이들을 바라보다보면 '진화는 진보가 아니라 다양성의 증가'라고 말한 진화생물학자 스티븐 제이 굴드의 말이 떠오른다. 현대사회의 특징 중 하나는 다양성의 증가이고 그 속에서 사람들이 조화와 균형을 이루며 진화해간다는 것이다. 그의 말처럼 다양한 기질이 보여주는 다름과 차이를 이해해 나가다보면 우리의 삶은 더욱 재미있고 풍요로워지지 않을까.

타고난 기질을 바꾸려고 하지 않는다

기질에 관한 나눔을 하다보면 매번 재미난 이야기들이 쏟아져 나온다. 신기한 일이지만 이야기를 듣다보면 대체로 행동파인 담즙질 기질의 엄마들은 점액질 기질의 남편들과 살고 있는 경우가 많았다. 이 엄마들의 말에 따르면 새로운 액자를 벽에 걸어달라고 남편에게 요청하면 벽에 액자가 걸리기까지 한 달이 넘게 걸린다고 한다. 어떤 엄마는 급기야 속이 터져서 자기가 직접 벽에 못을 꽝꽝 박고 액자를 걸어놓았더니, 뒤늦게 남편이 "왜 여러 군데에 구멍을 뚫어놨어!" 하며 불평을 했단다. 이어진 이야기도 재미있다. 부부동반으로 여러 부부들과 함께 산으로 쑥을 뜯으러 갔을 때의 일이라고 한다. 모든 내외가 다들 부지런히 움직이는데 유독 점액질 기질의 남편만 하늘 한 번 보고 물을 마시고 하는 식으로 뜸을 들여 아주 혼이 났다고 했다. 나는 그 엄마에게 "점액질 기질은 생리적 만족감, 따뜻한 느낌을 맛보는 것이 중요하다. 앞으로 남편에게 부탁할 일이 있으면 맛있는 음식을 정성스럽게 만들어 준 뒤 부탁해보는 것도 방법이다"라고 말해주었다. '느림의 미학'을 추구하는 점액질 기질의 남편과 오랫동안 살고 있는 내가 터득한 삶의 지혜라고 덧붙이면서 말이다.

가족 간에 기질 차이로 인해 벌어지는 일상에서의 불편함과 어려움은 비단 부부 관계에서만 일어나는 일은 아니다. 기질 차이로 인한 어려움은 부모와 자식 사이에서도, 친구 사이에서도 빈번히 마주칠 수 있는 아주 일상적인 문제다.

특히 한 명의 어른(선생님 혹은 부모)이 여러 명의 기질이 다른 아이들을 고루 돌봐야 하는 상황인 경우, 아이들마다 다른 기질적 차이는 풀기 어려운 난제가 되기도 한다. 나는 이 난제를 현명하게 극복하는 지혜를 아이들이 다녔던 발도르프 학교의 선생님들을 통해 깊이 배우고 느꼈다. 특히 발도르프 학교의 등교 시간 풍경은 시간이 꽤 오래 지난 지금도 기억에 선명하게 남아 있다.

내가 미국에서 경험했던 발도르프 학교의 아침 풍경은 따뜻함 그 자체였다. 선도부와 학생주임 선생님이 엄한 표정으로 교문 앞을 지키던 우리 때 학교 앞 풍경과는 천양지차이던 모습에 현이와 솔이가 부럽기도 했다. 선생님들은 교실로 들어오는 아이들 한 명 한 명 모두와 눈 맞춤을 하고 악수를 하며 아이들을 따뜻하게 맞이해주었다. 그때의 모습을 다시 떠올릴 때면 마음 가득 온기가 퍼져나간다.

발도르프 학교의 선생님들은 아이들마다 다른, 말하는 어투, 걸음걸이, 행동 방식을 유심히 관찰하며 아이들이 저마다 타고난 기질이 어떠한지 파악하기 위해 많은 노력을 기울인다. 아침 등교 시간도 그런 관찰과 탐색의 연장선이다.

아이들 각자의 기질을 어느 정도 파악한 후, 선생님들은 여러 방면에 걸쳐 아이들의 고유한 기질을 고려한 세부적인 수업 내용을 마련한다. 이를테면 아이가 연주할 악기를 선택할 때도 선생님과 부모는 긴밀히 상의하여 아이의 기질에 걸맞은 악기를 권하고, 이를 통해 아이가 갖고 있는 에너지를 발산 혹은 수렴할 수 있도록 돕는다. 다혈질 성향의 아이에게는 플루트 같은 관악기, 담즙질 성향의 아이에게는 북이나 드럼 같은 두드리는 타악기, 우울질 성향의 아이에게는 첼로 같은 현악기, 점액질 성향의 아이에게는 피아노를 추천하는 식이다.

학예 발표회 때에도 점액질 성향의 아이는 조화를 추구하는 기질을 살려 합창을 하게 하고, 우울질 성향의 아이는 독창을, 다혈질 성향의 아이는 오케스트라와의 협연을, 담즙질 성향의 아이는

아이는 자기를 남의 아이와 비교하여 바라보지 않고
있는 그대로 받아들여주는 부모의 모습에서
자기 자신에 대한 긍정으로 자신감을 형성할 수 있다.

독주를 하게 한다. 여럿이 함께하는 일보다는 혼자 하는 일을 즐기고, 좀처럼 나서지 않는 우울질 성향의 아이에게 독창의 기회를 주어 아이의 숨겨진 능력을 표현할 기회를 마련해주기도 하는 것이다.

한두 달에 한 번씩 바뀌는 아이들의 자리 배치 때에도 신중하게 아이들의 기질을 고려하여 자리를 정해준다. 그렇다보니 키 순서대로, 생년월일 순서대로 번호를 부여받아 자리를 정하는 일반적인 교실과는 사뭇 다른 풍경이 펼쳐진다.

선생님들은 학기 초에는 같은 기질을 가진 아이들끼리 앉도록 자리 배치를 한다. 그러면 다혈질 그룹의 아이들은 얼마 지나지 않아 '아휴, 너무 시끄러워. 다들 너무 말이 너무 많아' 하면서 소란스러운 분위기에 지치기 시작한다. 담즙질 그룹의 아이들은 '내 옆의 친구들은 다들 자기주장이 강해. 다 자기가 대장을 하려고만 해'라고 생각하며 불편함을 느낀다. 우울질 그룹에서는 '여긴 너무 조용해. 심심하다'라고 불만을 표시하고, 점액질 그룹에서는 '여긴 너무 답답해. 아무도 움직이려고 하지를 않네' 하면서 속마음을 드러낸다.

그래서 처음에는 자기와 달라 답답해하거나 관심을 기울이지 않았던 다른 기질의 아이들에게도 관심을 보이기 시작하고 함께 어울리기 시작한다. 그 과정에서 아이들은 서로가 다름을 자연스레 배워나간다. 외향적인 다혈질, 담즙질 기질의 아이들은 상대적으로 조용한 우울질, 점액질 기질의 아이들과 어울리며 내면의 평화로움을 찾는다. 우울질 성향의 아이들 또한 자신들의 자기중심적인 성향을 파악하고 협조와 변화를 강구한다. 점액질 아이들도 늦게나마 답답함을 느끼고 자리를 바꿔달라고 선생님에게 부탁하기도 한다.

발도르프 학교에서는 운동회 때도 아이들의 기질에 따라 팀을 나눈다. 운동회 날 아이들을 지켜보면 다혈질 그룹의 아이들은 유난히 들떠 있다. 담즙질 그룹 아이들의 경우 100미터 달리기를 하는데 선생님의 신호가 떨어지기도 전에 벌써 달려 나가는 아이들도 있다. 이 그룹의 아이들은 승부욕과 경쟁심이 강하고, 목소리가 크다. 우울질 그룹의 아이들은 이러저러한 생각이 많아 보이고 남들이 하는 것을 주의 깊게 살펴보며 조심스럽게 행동한다. 점액질 그룹의 아이들은 천천히 움직이고, 행동이 영 날렵하지 않다.

나는 아이들 학교에서 열리는 운동회에 참여해 네 그룹의 아이들을 지켜보면서 기질에 따라 팀을 나누어 운동회에 참여하게 한 것이 참으로 지혜로운 준비라고 깨닫게 되었다. 대체로 다혈질, 담즙질 그룹의 아이들은 몸이 날렵하고 운동을 잘한다. 그 아이들이 각 팀으로 나누어지면 어느 그룹에서든지 그 아이들의 활약이 돋보일 수 있었을 것이다. 그러나 기질을 고려한 배치로 운동을 잘 못하는 우울질, 점액질 아이들도 한 그룹으로 모여 다혈질, 담즙질 기질의 아이들과 동등하게 선의의 경쟁을 할 수 있었다. 같은 기질의 아이들을 한 팀으로 구성해놓으면, 그 안에서도 자신의 팀을 리드하는 적극적인 아이들도 생겨나기 마련이다. 그리고 이 과정을 통해 어떤 아이들은 자신도 미처 몰랐던 자기 안의 또 다른 기질을 발견하는 기회를 갖게 된다.

앞에서도 이야기했지만 기질론에서 중요한 키워드 중 하나는 '조화'이다. 한 사람의 기질이라는 것은 네 가지 기질 중 어느 하나만 존재하는 것이 아니다. 네 가지 경향이 조금씩 섞여 있는 가운데, 한두 가지 기질이 우세하게 나타나는 식이다. 문제는 하나의 기질이 지나치게 우세해서 조화가 깨지고 균형을 잃는 것이다. 다혈질 성향이 도드라지면 너무 산만한 아이로, 담즙질 성향이 도드라지면 공격적인 아이로, 우울질 성향이 도드라지면 불만이 많은 아이로, 점액질 성향이 도드라지면 주변에 무관심한 게으른 아이로 보일 수 있다.

슈타이너는 아이들의 기질에 대하여 다음과 같이 말했다. "우리는 '아이에게 부족한 것이 무엇인가?'라고 묻는 대신, '아이의 주된 기질은 무엇인가?'를 묻고 그 주된 기질과 상반된 기질을 내세워 우세한 기질을 바꾸려고 하기보다는 가지고 있는 기질을 어떻게 풀어나갈 것인가에 대해 고민하고 노력해야 한다." 슈타이너의 말처럼 부모와 선생님은 내 아이의 기질을 이해하고 그 기질의 긍정적인 부분을 살려주면서 어떻게 다른 기질들과 조화롭게 어우러질 수 있게 할 것인가를 고민해야 한다.

그리고 그 어떤 기술보다도 중요한 것은 내 아이의 기질을 있는 그대로 온전히 받아들이고자 하는 마음가짐이란 사실을 잊지 말자. 아이는 자기를 남의 아이와 비교하여 바라보지 않고 있는 그대로 받아들여주는 부모의 모습에서 자기 자신에 대한 긍정으로 자신감을 형성할 수 있다. 나와 내 아이의 독특한 천성과 기질을 관찰하면서 내 아이의 기질이 나의 기질과 어떻게 다른지 받아들이고 이해하는 것도 중요한 일이다.

부모는 지금 내 아이의 모습에만 국한하지 말고, 멀리 길게 바라볼 수 있어야 한다. 부모는 자신만큼 자식에 대해 잘 아는 사람이 세상에 없다고 자신하지 말고, 내가 잘 모르는 부분이 있을 수도 있다는 가능성을 열어놓고 있는 그대로 아이의 모습을 바라볼 수 있어야 한다. 그런 여유로운 마음과 태도는 아이들과 함께 하는 모든 순간을 소중하고 감사한 순간으로 즐길 수 있게 해줄 것이다.

좋은 기질 따로 없고 나쁜 기질 따로 없다

부모들과 아이들의 기질에 관해 이야기를 나누다보면 우울질과 점액질 기질의 아이를 키우는 엄마들이 더 많은 어려움을 호소한다. 다혈질 기질과 담즙질 기질은 에너지를 밖으로 발산하는 외향형이라 부모들이 소통하기가 상대적으로 쉬운데 반해, 우울질과 점액질은 내향적이라 속사정도 모르겠고 어떻게 소통해야 할 줄도 모르겠다는 것이다.

뿐만 아니라 소극적인 성향 자체에 대한 걱정도 크다. 그때마다 나는 '소극적'이라는 단어로 규정짓지 말라고 조언한다. 우울질이나 점액질 기질의 아이들은 다른 아이들과 달리 오래 관찰하는 습성이 있고, 행동하기까지 다만 시간이 걸리는 것뿐 그러한 아이의 특성을 좋다, 나쁘다 재단해서는 안 된다.

한 엄마는 점액질 기질의 성향을 보이던 아이 때문에 걱정이 많았다. "시험이나 숙제가 코앞에 닥쳤는데도 책상 앞에 앉으려고 하지 않는 아이를 보면 속이 타들어가고 어떻게 해야 할지를 모르겠다"며 고민스러워했다. 사실 점액질 기질을 가진 아이는 엄마가 공부를 무리하게 시키려고 들면 들수록 오히려 의욕을 잃고 고집불통으로 나갈 수 있어 주의해야 한다. 엄마는 아이의 모습이 마땅치 않게 여겨질지라도 아이가 스스로 배우고 깨닫는 기회를 빼앗아서는 안 된다.

우리 집의 경우에도 나와 솔이는 다혈질 기질로 외향적이고 성격도 급한 편이라 웬만한 일은 미루지 않고 바로바로 해결하는 반면, 남편과 현이는 "괜찮아, 천천히 해도 돼" 하며 태평하게 늑장을 부려서 나의 애를 많이 태웠다. 솔이는 숙제가 있으면 일주일 전부터 미리 끝내놓아야 직성이 풀리는데 반해, 현이는 금요일 오후 학교에서 돌아오면 가방을 던져놓고 주말 내내 즐겁게 놀았다. 대신 부엌으로 들어가서 좋아하는 음식을 만들고 청소도 하다가 일요일 저녁이 되어서야 밀린 숙제를 집중해서 하는 식이었다. 그러다가 제때 숙제를 제출하지 못했던 적도 있었다.

같은 맥락에서 솔이는 새로운 일을 시작할 때 호기심을 갖고 쉽게 몰입하며 빠르게 적응했다. 반대로 현이는 어떤 일이든 시작하기까지 시간이 한참 걸렸다. 아이들의 기질에 대해 이해가 있기 전에는 그런 현이의 모습이 답답하게 여겨졌다.

나는 학교 숙제나 시험 성적 때문에 그동안 아이들과 얼굴 붉힌 적이 한 번도 없었다. 숙제든, 시험 준비든 아이들 스스로 알아서 해나가고 그 결과에 책임질 일이지 부모가 통제할 것은 아니라고 생각했기 때문이다. 이처럼 '기다려주자'가 내 교육의 원칙이었지만, 끓는 속은 부정할 수 없었다.

그런데 현이가 보여줬던 늦된 모습이 사실은 기질적인 면에서 비롯된 것이라는 이해가 이어지자 아들의 새로운 면모들이 눈에 들어오기 시작했다. 현이는 가족들 중 누군가에게 좋은 일이 생기면 좋지 않은 일이 생길까봐 지레 걱정하는 아이이기도 했지만, 반대로 좋지 않은 일이 생기면 오히려 좋은 일이 생길 것이라고 위로하는 아이임을 깨닫게 된 것이다. 깨달음 뒤에는 표현하지 않았을 뿐, 조바심나고 답답했던 마음이 평온해졌다.

내가 미국에서 발도르프 교육에 관해 공부할 당시, 인상 깊게 들은 기질 강의가 있다. 발도르프 교육 현장 경험이 풍부했던 한 선생님의 강의였는데, 교실에서 발생한 돌발적인 상황을 아이들의 기질을 살려 해결한 과정에 대한 이야기였다. 발도르프 고학년 아이들의 습식 수채화 그리기 시간의 일이다. 참고로 습식 수채화는 물에 푹 적셔서 축축해진 도화지에 천연 물감으로 그림을 그리는 발도르프 예술 교육 중 하나다. 그런데 그만 교실 한가운데에 있던, 도화지를 적셨던 물통이 엎질러졌다. 교실은 순식간에 아수라장이 됐다. 그 와중에도 아이들에 따라 반응은 천차만별이었다고 한다.

몇몇 아이는 일어나서 "선생님, 여기 큰일 났어요. 물이 교실 바닥으로 흐르고 있어요. 빨리 와보세요" 하며 야단법석을 떨었고, 몇몇 아이는 상황 파악을 하자마자 벌떡 자리에서 일어나 얼른 걸레를 들고 와서 엎질러진 물을 닦으려 했다. 그런데 어떤 아이들은 이러한 상황에 전혀 개의치 않고 자기 발만 물에 젖지 않게 살짝 들어올리고는 수채화 그리기를 계속 했다. 또 어떤 아이들은 자기 그림이 엎질러진 물 때문에 망쳐질까봐, 자기 신발이 젖을까봐 아주 울상이 되어 있었다. 이런 정신없는 상황이 닥친다면 어떻게 수습해야 할까?

일화를 들려주었던 선생님은 일반적인 예상과는 다르게 다혈질, 담즙질 아이들을 모두 운동장으로 나가 놀게 했다고 한다. 우울질 기질의 아이들에게는 나가 놀기를 권유하기보다는 선택권을 주고 대답을 기다렸다고 한다. 아이들은 이내 멈칫했다가 다른 친구들을 따라서 운동장으로 따라 나갔다고 한다. 그다음 여간해서는 움직이지 않는 점액질 기질의 아이들을 교실에 남겨 두고 선생님 역시 교실을 나갔다고 한다. 그리고 얼마 뒤 밖으로 나간 아이들과 운동장에서 한참 놀고 들어오니 신기하게도 교실은 아주 깔끔하게 정리되어 있었다고 한다. 어떤 상황이 벌어지든지 간에 재빠르게 나서서 움직이지는 않지만, 문제를 해결해야 하는 상황이 주어지면 이모저모 살핀 뒤에 느리지만 차분하게 해결할 줄 아는 점액질 아이들에게 선생님은 교실 정리를 맡긴 것이다. 기질에 대한 이해가 있었던 선생님의 지도 덕분에 교실에서 벌어진 작은 소동은 차분하게 잘 마무리 될 수 있었다.

아이들은 제각기 다르기 때문에 비교할 필요가 없다. 사람이 자신의 타고난 기질이 있는 그대로 받아들여진 경험을 하면 스스로에 대한 건강한 자아상을 형성하는 데 큰 도움이 된다. 기질에는 옳고 그름이 없다. 단지 세상을 보는 눈과 받아들이는 행동 유형이 다를 뿐이다. 다만 각각의 상황에 따른 장점과 단점이 있을 뿐이다.

물론 아이의 타고난 기질에 따라 혹은 부모와의 기질적 궁합에 따라 키우는 과정에서 힘에 부치는 아이는 분명히 있다. 내 아이의 기질 중 나를 힘들게 하는 부분이 있다는 사실 자체도 외면하지 않고 인정하고 받아들여야 할 부분이다. 현명한 부모는 아이가 지닌 기질 가운데에서 장점으로 이끌어낼 수 있는 부분을 찾아내고, 아이의 부족한 지점을 어떻게 보완해줄 수 있을지 고민하는 부모이다.

다 큰 어른들도 누군가에게 잘못을 지적당하고 제재당했을 때 불편한 감정을 느낀다. 반대로 작은 일이라도 칭찬과 지지를 받으면 그것이 삶의 활력이 되어 더 나은 내가 되고자 했던 경험을 누구나가 했을 것이다. 어른도 그러할진대 세상의 모든 자극에 온몸과 마음이 열려 있는 아이들은 작은 칭찬, 작은 꾸중에도 감정적으로 큰 영향을 받는다. 아이들의 고유한 기질을 이해하고자 부단히 애쓰고 노력하자. 그래야 아이도 잘 자라고, 부모도 아이와의 갈등이 줄어들어 더욱 행복한 교육을 할 수 있다.

아이들은 기질에 따라 좋아하는 이야기도 다르다

부모교육을 진행할 때마다 자기소개를 해야 하는 첫 시간이 되면 나는 자리에 참석한 부모들에게 종종 어릴 때 들었던 이야기 가운데 지금도 기억나는 장면이나 좋아했던 이야기, 싫어했던 이야기가 있는지 물어보곤 한다. 이야기를 나누는 과정에서 때로는 웃기도 하고 때로는 마음 아파하면서 부모교육에 참석한 사람들 사이의 어색함은 사라지고 공감대가 자연스레 형성된다.

내가 부모교육을 시작하기 전에 참석자들에게 '이야기'에 대한 질문을 던지는 까닭은 부모로서 겪는 고충을 돌아보기 이전에 한 개인으로서 자신의 삶을 돌아볼 수 있는 기회를 마련해주고자 하는 의도도 있다. 이야기는 내 안의 본성을 일깨워주고 만나게 해주는 매개체 역할을 하기 때문이다. 특히 여러 세대를 거쳐 전승되어온 옛이야기에는 인류가 축적해온 오랜 지혜와 지향해온 보편적인 가치가 담겨 있다. 그렇기 때문에 이야기에는 치유의 힘이 있다. 또한 하나의 완결된 이야기 속에는 다양한 성향의 인물들이 등장하는데, 특히 옛이야기에는 등장인물들을 통해 인간의 원형과 기질들이 상징적으로 잘 표현되어 있다. 흥미로운 것은 같은 이야기를 들려주어도 사람들마다 자신이 가지고 있는 기질에 따라 다르게 받아들이고 반응한다는 사실이다.

부모교육에 참여했던 한 엄마는 어렸을 적 〈이상한 나라의 앨리스〉를 싫어했다고 한다. 성인이 된 지금도 그 이야기가 마음에 잘 와닿지 않는다고 했다. 반면에 딸은 〈이상한 나라의 앨리스〉 이야기를 너무 좋아한다고 했다. 루이스 캐럴이 지은 〈이상한 나라의 앨리스〉는 앨리스라는 소녀가 꿈속에서 토끼굴에 떨어져 이상한 나라를 여행하다가 꿈에서 깨어나 현실로 돌아오는 이야기다.

그 엄마는 가끔씩 딸의 상상력을 잘 공감해주지 못해 딸과의 관계에서 종종 어려움이 생긴다고 말했다. 아이가 상상의 친구 이야기를 하거나 터무니없는 꿈 이야기를 하면 엄마의 입장에서는 '엉뚱하다', '이해할 수 없다'고 생각되어 곧잘 무시하게 되고 이것이 딸과의 감정적인 문제로까지 발전하게 된다는 것이다.

사실 이 아이뿐만이 아니라 대개 아이들의 말은 논리적이지 못하다. 아이의 말이 논리에 맞지 않고 터무니없이 들리더라도 비판하지 않고 끝까지 들어주면 아이는 어느 순간 자기 감정과 생각을 있는 그대로 이야기하게 된다. 그때부터 부모와 아이의 진정한 소통과 교감이 시작되는 것이다.

나는 그 엄마에게 〈이상한 나라의 앨리스〉 이야기를 딸을 이해하고자 하는 마음으로 다시 읽어보면 어떻겠느냐고 부탁했다. 그리고 그날 자리를 함께한 엄마들에게 나에게 도전해야 할 숙제를 안겨주는 아이의 행동을 객관적으로 바라보고, 아이에게 원하는 바람을 담아 자신만의 치유 이야기를 짧게라도 지어서 다음 시간에 함께 읽고 나눠보자고 제안했다.

그다음 모임에서 엄마들은 저마다 아이와의 사이에서 벌어진 일들을 바탕으로 독특하고 재미있는 이야기들을 만들어왔다. 고민을 토로했던 엄마도 〈이상한 나라의 앨리스〉의 본래 이야기를 비틀어서 앨리스를 주인공으로 하여 딸과의 관계 회복을 위한 치유 이야기로 재창작을 해왔다. 그녀는 자신만의 치유 이야기를 쓰면서 딸과의 관계를 돌아보게 되었고, 무심하게 반응했던 자신의 모습에 마음이 많이 아팠다고 고백했다. 나는 그 엄마가 앨리스를 주인공으로 이야기를 만들어 딸에게 들려주려고 시도했던 것만으로도 아이와의 관계 회복의 첫발을 내딛었다고 생각했다.

실제로 발도르프 학교에서는 이야기(서사)를 활용한 교육 커리큘럼이 풍부하다. 아이들에게 연극이나 인형극을 많이 보여주는 편이고 아이들이 직접 극에 참여하는 기회도 많다. 우리 아이들이 다녔던 발도르프 학교에서 나는 1학년 아이들을 대상으로 한국의 전래동화인 〈콩쥐팥쥐〉를 인형극으로 만들어 들려준 적이 있었다. 그런데 그다음 날 한 엄마가 나에게 흥미로운 이야기를 전해준 기억이 난다. 자신의 아들이 인형극을 보고 집으로 돌아와 오늘 학교에서 '한국의 신데렐라' 이야기를 들었는데 주인공 콩쥐가 너무 불쌍했다고 이야기하며 아주 슬퍼했다는 것이다. 그리고 나에게 동화는 보통 행복한 결말로 끝나는데, 한국의 전래동화는 어째서 슬픈 결말인지에 대해서 물어왔다.

나는 혹시 아이가 평소 우울질 기질의 성향이 강하지 않느냐고 되물었다. 아이의 엄마는 깜짝 놀라며 그걸 어떻게 알았냐고 되물었다. 그래서 나는 아이의 엄마에게 이렇게 말해주었다. "한국의 콩쥐팥쥐 이야기도 행복한 결말로 끝나요. 어제도 그렇게 인형극을 마쳤는걸요. 주인공인 콩쥐가 처음에는 엄마를 잃고 계모 밑에서 고생하지만 두꺼비와 새들의 도움을 받아 어려움도 극복하고 원님과 결혼해서 행복하게 살지요. 단지 당신의 아이가 기질적으로 슬픈 이야기를 좋아해서 콩쥐가 어려움을 겪는 장면을 오랫동안 음미하고 싶었던 것 같아요."

이와는 반대로 같은 이야기를 들었던 또 다른 아이의 아버지는 자신의 딸이 콩쥐팥쥐 이야기를 듣고 와서는 너무 재미있어 했다면서 전혀 다른 이야기를 들려주었다. 딸이 콩쥐 대신 새들이 볍씨를 쪼아주던 장면과 두꺼비가 밑이 깨진 항아리를 막아준 장면을 너무나 좋아했다는 것이다. 아이들은 같은 공간에서 같은 인형극을 보았음에도 자신의 기질과 취향에 따라 제각기 다른 장면에서 제 나름의 방식으로 감정을 이입했던 것이었다. 이처럼 아이들은 기질에 따라 좋아하는 이야기까지 달라진다.

이런 사실을 잘 모르는 엄마들은 자기가 좋아하는 이야기를 신이 나서 들려주는데, 아이들 반응이 신통치 않거나 왜 이런 재미없는 이야기를 해주냐고 투덜대기도 한다고 고민한다. 이를테면 이런 경우다. 우울질 성향의 한 엄마는 〈플랜더스의 개〉, 〈성냥팔이 소녀〉를 무척 좋아한다고 했다. 지금도 그 이야기를 자기 아이에게 들려줄 때마다 너무 슬퍼서 울컥하는 심정으로 읽어준다고 했다. 하지만 아이는 "엄마, 왜 울려고 해" 하면서 엄마가 이해가 안 된다는 듯이 물끄러미 바라보기만 한다고 했다. 그 아이는 분명 우울질 기질의 엄마와는 다른 기질을 갖고 있을 것이다. 여기에 아이의 기질에 따라 공감하기 쉽고 좋아할 만한 이야기들을 소개한다. 아이에게 어떤 이야기를 들려주는 것이 좋을지 몰라 고민을 하는 엄마들에게 작은 도움이 될 수 있으면 좋겠다.

다혈질 기질의 아이에게 들려주면 좋은 이야기

다혈질 기질의 아이들은 생동감 있는 이야기, 다양한 사건이 일어나고 변화가 많은 이야기, 상상의 나래를 마음껏 펼쳐가는 빠른 흐름의 이야기를 좋아한다.

『신통방통 도깨비』, 서정오 지음, 김환영 그림, 보리.

『치과 의사 드소토 선생님』, 윌리엄 스타이그 글/그림, 조은수 옮김, 비룡소.

『멋진 뼈다귀』, 윌리엄 스타이그 글/그림, 조은수 옮김, 비룡소.

『개구리 왕자』, 그림형제 원작.

담즙질 기질의 아이에게 들려주면 좋은 이야기

담즙질 기질의 아이들은 모험과 도전이 가득한 위인이나 영웅들 이야기, 불가능한 일을 가능한 일로 세상을 변화시킨 이야기를 좋아한다. 또한 선과 악이 분명한 이야기를 좋아한다.

『말하는 꾀꼬리와 춤추는 소나무』, 강소희 글/그림, 사계절.

『곰 사냥을 떠나자』, 마이클 로젠 지음, 헬린 옥슨버리 그림, 공경희 옮김, 시공주니어.

『잭과 콩나무』, 그림형제 원작.

『럼펠스틸스킨』, 그림형제 원작.

『벌거벗은 임금님』, 한스 크리스티안 안데르센 원작.

『도산 안창호 이야기』, 윤지강 지음, 원유미 그림, 아이들판.

우울질 기질의 아이에게 들려주면 좋은 이야기

우울질 기질의 아이들은 슬프고 아름다운 이야기, 눈물을 흘리면서 정화되는 치유 이야기, 사람의 일생을 다룬 이야기를 좋아한다.

『아기장수 우투리』, 서정오 지음, 서선미 그림, 보리.

『몽실언니』, 권정생 지음, 이철수 그림, 창비.

『강아지똥』, 권정생 지음, 정승각 그림, 길벗어린이.

『성냥팔이 소녀』, 한스 크리스티안 안데르센 원작.

『인어공주』, 한스 크리스티안 안데르센 원작.

점액질 기질의 아이에게 들려주면 좋은 이야기

점액질 기질의 아이들은 일상생활을 소재로 다룬 이야기나 자연 이야기, 반복되는 리듬이 있는 이야기, 느린 흐름의 이야기를 좋아한다.

『떼굴떼굴 떡 먹기』, 서정오 지음, 이억배 그림, 보리.

『구리와 구라의 빵 만들기』, 나카가와 리에코 지음, 오무라 유리코 그림, 이

영준 옮김, 한림출판사.

『커다란 순무』, 이반 프랑코 지음, 아그라프카 아트 스튜디오 그림, 김경미 옮김, 비룡소.

『털장갑』, 잰 브렛 글/그림, 김라현 옮김, 문학동네어린이.

『팥죽 할멈과 호랑이』, 서정오 지음, 박경진 그림, 보리.

아이의 탐색 본능을
자연스럽게 받아들이자

아이들이 자라나 책임감과 리더십 있는 어른으로 성장하기 위해서는 무엇보다도 아이들의 마음에 자존감이 있어야 한다. 자존감이 생기려면 아이들이 스스로 문제와 부딪쳐 배워나가면서 '나는 이것을 잘할 수 있어요', '나는 이런 일을 하는 것을 아주 좋아해요'라고 말할 수 있는 근거가 되는 경험이 많이 쌓여야 한다.

내가 뜻이 맞는 부모들과 함께 운영해나가고 있는 대안 교육문화 공간인 크래프트 빌리지에서는 아파트 숲을 벗어나 아이들이 자연의 숲을 체험할 수 있는 프로그램이 운영되고 있다. 나는 여기에 오는 초등학생 아이들과 자주 크래프트 빌리지에서 가까운 우면산에 올라가곤 한다. 산으로 올라가는 길은 평지와 다르게 경

사진 좁은 흙길이지만 아이들은 개의치 않고 길 이곳저곳을 자유롭게 탐구한다. 낙엽 위에서 장수풍뎅이를 찾아내기도 하고, 흙을 파서 구멍을 만들기도 하고, 나뭇가지로 돌을 두드리거나 나무 위에 올라가려는 아이도 있다. 스스로 재미나게 노는 법을 만끽하는 아이들의 환한 표정은 눈부시다.

어떻게 놀아야 한다, 무엇을 갖고 놀아야 한다는 제약 없이 아이들의 숲 속 놀이는 자유롭게 이루어진다. 어떤 날은 한 아이가 나무 옆에 집을 만들어보자는 제안을 했다. 그러자 아이들은 신이 나서 집을 지을 만한 재료들을 이것저것 찾아와서는 서로 머리를 맞대고 "이 돌은 여기다 둘까?", "이 나뭇가지는 저기다 둘까?" 상의하면서 집 만들기에 몰두했다. 어디서 찾았는지 알 수 없는, 버려진 기다란 호스를 끙끙거리며 가지고 와서 나선형 계단을 만들 때에는 일명 '호스 계단'이 몇 번이나 부서져 내렸음에도 다시 세우기를 반복하는 집념도 보여줬다. 가파른 흙길을 온몸으로 헤쳐나가면서 세상에 둘도 없는 상상 속의 집을 만들고 나서 뿌듯해하는 아이들의 웃음소리가 귓가에 선하다.

요즘 부모교육을 하다보면 사고에 대한 염려가 지나쳐 아이들의 세상에 대한 자유로운 탐색을 제한하는 부모들의 고민이 많이 눈에 띈다. 특히 첫아이이거나, 에너지가 넘치는 아들을 키우는 경우 그런 고민이 더욱 깊다. 그러나 아이들은 때로는 다쳐가면서 자신과 주변의 경계를 알아나간다. 안전사고가 염려된다면 아이들의 행동을 제한하는 방식보다는 주변의 위험한 물건을 치워주고, 아이들이 에너지를 더욱 적극적으로 발산할 수 있도록 안전한 환경을 만들어주는 편이 현명하다. 이를테면 거실에 이불을 깔아줘 몸 놀이를 하다가 넘어지더라도 다칠 확률을 줄여주는 식이다.

아이들이 놀이를 할 때 부모는 아이들의 놀이에 개입하지 않고 한 발짝 물러서서 지켜보는 자세가 필요하다. 자유롭게 노는 과정을 통해 아이들이 자율적으로 놀이의 규칙을 세우고 또래집단끼리 소통할 수 있도록 어른의 개입은 자제해야 한다.

신기하게도 부모가 믿음을 갖고 바라보면 아이들은 쉽게 다치지 않는다. 처음 아이들이 걸음마를 시작할 때를 떠올려보자. 수백 번 엉덩방아를 찧으면서도 혼자 서고 혼자 걸으려고 안간힘을 쓴다. 그러기를 반복하다보면 마침내 불안정한 걸음이지만 땅에 발을 내딛고 한 걸음 한 걸음 제 스스로 걸을 수 있게 된다.

지금 아이가 부모가 보기에 위험한 행동을 하려고 한다면 그것은 자기 안의 나를 온전히 경험하고 싶어서 그런 것이라고 생각하자. 이럴 때 아이에게 필요한 것은 오직 하나, 부모가 자신을 따뜻하게 지지해준다는 느낌이다. 아이들이 걷기 시작할 때 부모는 기대감으로 가득 찬 눈으로 아이를 바라보고, 아이는 그 기대감에 찬 시선을 온전히 느끼며 지치지 않고 계속 도전하지 않는가?

요즘 미국에서는 헬리콥터처럼 아이 주변을 항상 맴도는 '헬리콥터 맘'과 헬리콥터 맘에서 한층 더 나아가 아이들 앞에 있는 장애물을 모조리 정리해주며 아이들 삶에 더 깊이 개입하는 '잔디깎기 맘' 때문에 아이들이 대학에 가서도 제 앞가림을 못하는 폐해가 언론에서 많이 지적되고 있다. 한국도 상황이 크게 다르지는 않을 것이다. 엄마들이 아이 주변을 맴돌며 문제적 상황들을 미리 나서서 해결해주면 아이들에게 어려운 상황에 닥쳤을 때 필요한 위기대처능력, 문제해결력을 키울 수 있는 기회도 같이 없어진다.

아이들의 탐색 본능을 존중하기 위해서는 아이들의 실수에 대한 부모의 태도를 점검할 필요가 있다. 엄마가 집안일을 할 때면 아이들은 곁에서 "내가 할 거야" 하며 두 손을 걷어올리고 의기양양하게 덤벼들기 일쑤다. 이 역시 자연스러운 탐색 과정 중 하나다. 물론 일을 더욱 번거롭게 만들거나 거추장스럽게 하는 것이 현실이지만, 아이들의 손놀림은 미숙하므로 실수 연발인 게 당연하다.

우리 집 두 아이도 이러저러한 집안일들을 신나게 거들다가 그릇을 깨기도 하고 사방에 밀가루며 소스며 흘리기 일쑤였다. 당연히 나 혼자 집안일을 할 때보다 오히려 일의 양이 두세 배가 늘어나 있었다. 하지만 그때마다 언젠가는 주방으로부터 독립할 내 모습을 상상하면서 아이들이 벌여놓은 주방 살림을 기꺼운 마음으

지금 아이가 부모가 보기에 위험한 행동을 하려고 한다면
그것은 자기 안의 나를 온전히 경험하고 싶어서
그런 것이라고 생각하자.

이럴 때 아이에게 필요한 것은 오직 하나,
부모가 자신을 따뜻하게 지지해준다는 느낌이다.

로 정리하곤 했던 기억이 난다.

엄마들은 아이들이 집안일에 끼어들라 치면 '여기에서 성가시게 굴지 말고 저리로 가' 하며 핀잔을 주곤 한다. 이때 아이들의 마음속에서는 자율성은 사라지고 그 자리에 대신 '나는 이런 걸 못하는구나! 내가 하면 안 되는구나' 하는 열등감이 자라게 된다.

반면에 어떤 실수도 수용되는 환경에서 작은 일이라도 적극적으로 참여했던 아이들은 부모가 하는 일을 옆에서 도와주면서 '나도 어른들이 하는 일을 할 수 있어' 하는 자신감과 '나도 의미 있는 일을 한다'는 자존감을 갖게 된다.

부모는 아이들이 하는 실수를 너그럽게 받아들여주어야 한다. 엄마들이 중요한 순간에 아이들을 설득할 수 있으려면 평소에 잔소리는 정말 아껴서 해야 한다. 섣부른 걱정과 지나친 간섭으로 자신이 아이들의 자발성을 무너뜨리고 있는 것은 아닌지 의식적으로 살펴야 한다.

자기가 하고 싶은 일을 한 번도 본인 의지대로 해보지 않는 아이들은 정해진 삶만 요구받으며 살다가 성인이 되면 갑자기 무엇을 해야 할지 모르는 상황에 처하게 될 수도 있다. 부모는 일시적으로 아이들 앞에 놓인 어려운 상황을 제거해줄 것이 아니라, 아이들이 직면한 어려움이 무엇인지 인식하고 그것을 헤쳐나갈 수 있는 의지가 좌절되지 않도록 옆에서 도와주는 조력자로서의 역할에 머물러야 한다.

작은 일이라도 스스로 독립적으로 해본 아이는 스스로에게 만족하며 자신의 경험치에서 우러나온 직관을 신뢰하게 된다. 아이들이 몸으로 깨우친 경험들은 자기가 좋아하는 일에 최선을 다하게 하고, 성인이 되었을 때 자기 삶과 운명의 주인으로 바로 설 수 있게 해준다는 사실을 잊지 말자.

백 마디 말보다 힘이 센 들어주기의 힘

부모들이 아이들의 말을 들을 때 가장 큰 걸림돌은 아이가 처한 상황과 아이의 마음 상태 그 자체를 충분히 이해하기 위해서 아이의 말을 들으려 하는 것이 아니라, 내 말을 할 준비를 하고 듣는 태도다. 어른들이 아이의 이야기를 들어줄 때에는 잘잘못을 가리며 판단을 하려는 자세는 내려놓고 아이의 말에 충분히 집중하는 태도로 들어야 한다.

내가 발도르프 교사 교육을 받을 때 진정으로 의사소통할 수 있는 구체적인 방법 중 하나로 배운 것이 '사심 없이 경청하기selfless listening'이다. 사심 없이 경청하기는 자신의 선입관이나 의견, 주관적인 느낌을 최대한 배제하고, 상대방의 말에 대한 동의 여부도

유보하면서 상대의 이야기를 그저 있는 그대로 듣고 받아들이는 것이다.

사심 없이 경청하기는 듣는 사람뿐 아니라 말하는 사람에게도 효용이 있다. 말하는 이로 하여금 자신의 생각을 자유롭게 표현할 수 있는 충분한 시간적인 자유와 정신적인 공간을 마련해주어 그 사람의 말이 듣는 이의 내면에 진정으로 가닿을 수 있게 하는 효과를 이끌어낸다.

아이와 대화를 나눌 때, 특히 아이가 억울함, 걱정, 불안 등 부정적인 감정을 토로할 때 이 사심 없이 경청하기의 방법으로 아이의 말을 들어주면 아이의 감정이 도닥여지는 한편, 부모에게도 아이의 상태를 한 걸음 물러나 파악해볼 수 있는 공간이 만들어진다.

아이가 힘들다고 하소연할 때 부모가 할 일은 누가 너를 힘들게 했느냐며 무조건 아이 편을 들어주는 것도 아니고, 왜 그런 일로 징징대느냐며 핀잔을 하는 것도 아니다. 대신 아이가 하는 말을 온전히 집중해서 들어주면 된다. 특히 우울질 기질이 강한 아이의 경우, 다른 기질의 아이들에 비해 세상의 어려움은 혼자 다 짊어진 것처럼 이야기하기도 하는데 그럴 때도 그저 충분히 들어주면 된다.

아이들은 부모에게 '너만 힘든 것이 아니야', '너는 잘하고 있어'

라는 위로와 격려 혹은 '이렇게 해보면 어때?' 하는 제안을 기대하지 않는다. 섣부른 격려나 충고보다 아이의 이야기를 충분히 들어주는 것만으로도 아이는 그 자체로 감정적인 해방감을 느낀다. 어른들도 누군가에게 답답한 마음을 풀어놓기만 해도 어느 정도 심리적인 안정감을 회복하지 않는가. 충분한 경청의 시간을 나누고 나면 아이는 왜 힘든지, 힘든 상황을 어떻게 헤쳐나갈 것인지 원인과 해결방법을 스스로 찾아낸다.

형제자매가 다툴 때에도 부모는 처음부터 아이들 싸움에 강력하게 개입할 필요가 없다. 나는 솔이와 현이 두 남매 사이에 다툼이 일어나도 옆에서 전혀 개입하지 않고 둘의 다툼을 조용히 듣는 편이었다. 물론 다툼이 길어지면 중간에 끼어들어 그만하라고 소리 지르며 문제 상황을 깔끔하게 정리해주고 싶은 유혹에 빠져들기도 했다.

그러나 다툼이 길어질지언정 두 남매의 설전 그 자체는 너무도 진지해 나는 옆에서 듣고만 있을 수밖에 없었다. 흥미로운 것은 아이들도 일시적인 충돌이 있기는 해도, 자신의 주장을 펼치고, 상대방의 말을 받아들이는 과정에서 종국에는 누나의 뜻은 그랬던 거구나, 동생의 행동은 그런 의미였던 거구나 하면서 서로의 성향과 자신의 기질을 다시 한 번 스스로 깨닫는다는 사실이었다. 시간이 조금 걸리기는 했지만, 엄마인 내가 나서서 나의 기준으로 시시비비를 가렸다면 아이들은 상대에 대해 그리고 스스로에 대해 자성할 수 있는 시간을 결코 가질 수 없었을 것이다.

사심 없이 경청하기 방법을 조금 변형하여 지난해 영유아 교육에 종사하는 선생님들과 함께한 세미나에서 교육 프로그램을 진행한 적이 있다. 먼저 두 명씩 짝을 지어 그룹을 만든 뒤, 한 사람이 다른 사람에게 자신을 힘들게 했던 아이의 행동과 모습을 구체적으로 이야기하면 그동안 맞은편에 앉은 사람은 가능한 편견 없이 상대방의 이야기를 귀담아 듣는다. 그다음 이야기를 들었던 사람이 자신이 들은 이야기를 거울처럼 상대방에게 들려주는 방식으로 프로그램은 진행됐다.

흥미로웠던 것은 자신의 이야기를 상대방의 목소리로 다시 들었을 때의 반응들이었다. “홀가분하다”, “아이가 나를 많이 힘들게 했다고 생각했는데 그리 심각한 것이 아니었구나”, “내가 아이에게 그렇게 행동했는지 전혀 몰랐다”는 반응들이 이어졌다. 자신의 주관을 배제하고 객관적인 상황을 타인의 목소리를 통해 듣게 되니 힘들다고 생각했던 상황을 일정한 거리를 두고 객관적으로 바라볼 수 있게 된 것이다.

사심 없이 경청하기의 본질은 앞에서 여러 번 이야기했던 ‘있는 그대로 바라봐주기’와 그 결을 같이 한다. 그리고 이것들은 궁극적으로 아이와 진정한 소통과 공감을 이루어나가기 위한 방법들이다.

진정한 소통과 공감과 관련하여 기억나는 에피소드가 하나 있다.

솔이가 5학년 때의 일이다. 학교가 파하는 시간에 맞춰 아이를 데리러 갔는데 그날따라 솔이가 유난히 흥분한 상태로 언덕을 뛰어내려오는 것이 아닌가. 솔이는 내 앞에 미처 다다르기도 전에 입을 떼고는 학교에서 있었던 일을 말하기에 급했다.

"엄마! 오늘 무슨 일이 있었는지 알아? 오늘 미스터 팍스Mr.Fox 선생님(솔이네 담임선생님)이 우리 반 아이들을 모두 둥그렇게 앉게 하고 전부 다 눈을 감으라고 했어. 그리고 우리에게 나는 외톨이라고 생각하거나, 친구들이 나와는 안 놀아준다, 혹은 친구들이 나를 따돌린다고 생각하는 사람이 있으면 손 들어보라고 했어."

"응, 그리고?"

"그리고는 조금 있다가 모두 눈을 뜨라고 했지. 그런데 눈을 뜨고 교실을 보니까 우리 반의 모든 아이가 손을 들고 있었지 뭐야. 모두들 다 자기만 외롭고, 자기만 따돌림 당한다고 생각했는데 사실 모두가 그렇게 생각하고 있었던 거야!"

딸애의 이야기를 듣고보니 과연 경험 많은 선생님의 처방전다웠다. 당시 솔이네 반 아이들은 만 10세 전후의 남자아이 열여섯 명, 여자아이 열다섯 명으로 구성되어 있었는데, 대부분 유치원 또는 1학년 때부터 같이 자라온 사이였다. 참고로 발도르프 학교에서는 1학년으로 입학해서 반이 정해지면 그때 한 반으로 정해진 아이들이 졸업할 때까지 같은 교실에서 함께 배우고 성장해나가는 것이 일반적이다. 담임선생님도 큰일이 없는 이상 8년 동안 한 명의 선생님이 한 반을 책임지고 담당한다. 그렇기 때문에 담임선생님과 아이들 사이, 아이들과 아이들 사이에 굉장히 끈끈하고 단단한 유대감이 형성될 수밖에 없다.

그럼에도 불구하고 사춘기라는 시절은 피할 수 없는 통과의례와 같아서 그즈음 솔이네 반 아이들은 그동안의 관계가 무색하게 감정적으로 예민한 상태였을 것이다. 아이들은 아마도 무심코 던져진 친구의 말 한마디에도 큰 상처를 입고 주눅이 들었을 테고.

그러나 이런 긴장감 넘치는 교실 분위기가 담임선생님의 지혜로 공감의 장으로 변할 수 있었다. 아이들이 자기 감정에 매몰되지 않고 다른 친구들의 상태를 객관적으로 볼 수 있도록 유도하여, 결국엔 친구들의 마음이 내 마음과 다르지 않음을 깨닫게 하고 서로 공감대를 형성할 수 있게 한 것이다. 아이들이 다른 친구들의 상태를 경청할 수 있도록 그 바탕을 만들어준 선생님의 지혜는 다시 생각해봐도 탁월하고 노련했다.

이렇게 말로도 표현하기 어려운 혼란스러운 상황을 아이들이 있는 그대로 바라보고 느낄 수 있게끔 인도해주는 어른들이 많아질수록 아이들도 세상과 소통하는 건강한 방법을 배우며 커나갈 수 있지 않을까.

오물조물 촉감 발달 - 밀랍으로 놀기

밀랍은 꿀벌이 벌집을 만들기 위해 분비하는 천연 물질로 본래 색깔은 누르스름하다. 밀랍은 상온에서 단단하지만 약간의 온기가 더해지면 말랑말랑해지는 성격이 있다. 우리 가족은 장거리 여행을 자주 다니는 편이었는데, 그때마다 밀랍을 챙겨서 아이들이 좁은 차 안에서도 밀랍을 조물거리며 재미있게 놀 수 있도록 했다. 발도르프 유치원이나 학교에서는 밀랍에 천연 물감으로 색을 더한 밀랍으로 동물, 식물, 인형 등을 자유롭게 만들고 표현하는 시간을 갖곤 한다.

밀랍은 클레이점토나 찰흙처럼 손에 이물질이 들러붙지 않으면서도 촉감이 부드러워 아이들이 가지고 놀기에 좋다. 이미 말랑말랑한 채로 아이들에게 주어지는 클레이점토와는 달리, 딱딱한 밀랍을 손으로 말랑말랑하게 만들어내기까지는 기다림의 시간이 필요하다. 밀랍을 가지고 놀면서 아이들은 무언가를 완성해내기까지 시간과 공력이 필요함을 깨우치게 된다. 밀랍을 조물거리는 동안 섬세한 촉각도 자극된다.

아이들이 밀랍으로 표현한 다양한 자연물들

밀랍 양초

Tip 이렇게 놀면 더 좋아요!

* 아이에게 특정한 무언가를 만들자고 제안하기보다는 재미난 이야기를 들려준 뒤, 이야기를 듣고 떠오르는 것들을 밀랍으로 표현해보자고 말한다.

* 이야기 대신 노래를 들려주어도 좋다. 나는 밀랍이라는 생소한 재료를 설명해주는 노래를 불러주곤 했다. 이를테면 이런 식이다. '밀랍은 어디서 왔을까? 붕붕붕붕! 벌들이 꽃들한테 얻어와 집을 지었대요.' 멜로디나 가사에 얽매이지 않고, 아이가 즐겁게 놀이에 몰입할 수 있도록 흥을 돋워주면 된다.

* 크리스마스나 생일 같은 특별한 날에는 천연 밀랍을 납작하게 펴서 만든 밀랍 시트로 양초를 만들 수도 있다. 방법도 무척 간단하다. 밀랍 시트를 넓게 펴서 심지로 사용할 면실을 길게 놓은 뒤, 면실이 빠지지 않도록 밀랍 시트를 꼭꼭 눌러가며 말아주면 끝! 밀랍 양초는 인공 향을 첨가하지 않아도 그 자체로 밀랍 특유의 향긋한 냄새가 난다. 직접 만든 양초로 아이들 생일상이나 특별한 날의 상차림을 밝혀주면 아이들이 무척 좋아할 것이다.

PLUS TIP

발도르프 교육 현장 생생 인터뷰 3

"

부모가 아이들의
발달 단계와 요구를
이해하는 것이 무엇보다
중요합니다.

"

이번 장의 인터뷰이인 신시아 알딩거 선생님은 오랫동안 발도르프 유치원에서 일했고, 미국 최초로 '라이프웨이스' 교육 과정을 만들었다. 미국 캘리포니아에 있는 루돌프 슈타이너 대학에서 겸임교수로도 활동 중이며, 『일상생활이 커리큘럼*Life is Curriculum*』 등의 책을 집필하기도 했다. 참고로 라이프웨이스는 슈타이너의 교육 철학에서 영감을 얻고, 양육에 대한 전통적이고도 보편적인 가치를 더한 교육 과정이다.

★ '라이프웨이스'라는 새로운 형식의 교육 프로그램은 어떻게 기획하게 되셨나요?

오랫동안 발도르프 유치원 선생님을 하다가 안식년을 맞이해 영국에 가게 된 적이 있었어요. 그때 영국에서 사업을 하는 친구가 인지학에 기반을 둔 영유아 통합교육 공간을 설립할 것을 제안했어요. 구체적인 부분은 덴마크의 유아교육가 헬레 헤크만이 운영하는 녹켄Nokken 교육센터의 새로운 접근방식에서 영감을 받았어요. 거기에서는 취학 전 아이들이 연령에 따른 반의 구별 없이 모두가 함께 어우러져서 대부분의 시간을 자연에서 보냅니다. 뉴질랜드의 어위나Awhina 교육센터에서도 큰 감동을 받았습니다. 그곳의 아이들은 전통적인 대가족 형태의 가정환경에서 자연스러운 일상생활을 하는 가운데 생활예술 교육을 받고 있었습니다. 1998년에 위스콘신 주에서 첫 번째 라이프웨이스 센터를 열었어요. 생후 3개월부터 만 6세까지의 아이들을 통합하여 교육하는 과정으로 미국에서는 처음 시도되는 일이었습니다.

★ 라이프웨이스 프로그램 가운데 가장 좋아하는 내용은 무엇인가요?

나는 우리 센터에서 운영하는 프로그램 가운데 '생활예술'이라고 부르는 프로그램을 제일 좋아해요. 일상생활의 다양한 활동을 교육 과정으로 만들어 배우는 것이지요. 선생님들은 아이들에게 이야기와 노래를 들려주고, 머리를 빗겨주고, 발을 씻겨주고 하는 등의 일상적인 활동을 예술 활동으로 확장하여 흥미롭고 재미있게 할 수 있도록 가르쳐주지요.

★ 아이와 부모의 건강하고 행복한 관계를 위해 가장 중요한 것은 무엇이라고 생각하나요?

무엇보다도 부모가 아이들의 발달 단계와 요구를 이해하는 것이 중요하다고 생각해요. 특히 생후 얼마간은 아이와 유대감을 높이기 위해 주 양육자인 엄마와 충분한 시간을 갖는 것이 아주 중요합니다. 이건 아무리 강조해도 지나치지 않은 부분이에요.

★ 가족의 행복한 생활을 위해 중요한 것이 있다면 무엇일까요?

가족 구성원 각자가 자신의 영혼을 고양시키기 위한 활동을 해야 한다고 생각해요. 저마다 스스로에게 필요하면서도 가치 있는 일을 배우는 것이지요. 밖에서의 생활 속도는 어찌할 수 없는 부분이 있지만, 가정 내에서의 삶의 속도만큼은 천천히 느긋해질 수 있도록 노력하는 것도 필요하고요. 아, 그리고 마지막으로 좋은 음식을 함께 나누어 먹는 것. 그것만큼 큰 행복이 없지 않나요?

★ 부모와 선생님들에게 교육적 영감을 주는 ★
라이프웨이스 교육의 10가지 원칙

1. 아이들은 저마다 독특한 개성, 고유한 목적과 재능을 타고 태어났으며 존중받으며 성장해야 할 가치 있는 존재이다.

2. 아이들의 삶은 즐거워야 한다. 아이들은 모방과 공감(흉내 내기와 감정이입)을 통해 많은 것을 배워 나가므로 진실함과 따뜻함을 가진 사람들에 의해 양육되어야 한다. 이는 아이들의 건강한 발달과 배움을 위한 기초가 된다.

3. 가능하면 아이들이 태어나서부터 초등학교에 입학할 때까지 같은 사람에게 보살핌을 받는 것이 좋다. 만 3세까지는 특히 그러하다. 아이들은 지속적이고 일관된 양육자를 통해 세상에 대한 신뢰를 형성할 수 있다.

4. 아이들은 모든 연령의 사람들과 관계를 맺어야 한다. 만 3세 이전의 아이들은 여러 세대가 함께 생활하는 환경 속에서 보다 건강하게 잘 자란다.

5. 만 3세 이전의 어린아이들은 안전한 환경 안에서 자유의지로 움직일 때 가장 건강하게 성장한다. 만 3세부터 만 6세 사이의 아이들은 자유롭고 창의적인 놀이를 통해 평생 학습을 위한 토대를 형성한다.

6. 아이들에게 일상생활에서의 경험은 중요한 교육 과정이다. 여기에는 규칙적인 식사시간, 자연 탐구, 집안일, 사회적 활동, 간단한 예술 활동 등이 포함된다.

7. 건강한 감각기관 발달을 위해 아이들이 입는 옷과 가지고 노는 장난감들은 친환경적인 자연 재료로 만들어져야 한다.

8. 영유아 시절은 학교 생활을 잘하기 위한 준비를 하는 기간이 아니라 그 자체로 의미 있는 고유한 시간이다. 그렇기에 학습을 목적으로 이 시기 아이들이 발달 단계를 건너뛰거나 서두르면 아이들의 건강과 정신의 균형 잡힌 성장이 가로막힐 수 있다.

9. 부모는 부모의 역할을 잘 수행하기 위해 주변의 가족, 이웃, 전문가들로부터 충분한 도움과 지원을 받아야 한다. 그래야만 자신의 자녀를 충분히 사랑하고 이해하면서 부모 노릇을 성공적으로 해낼 수 있다.

10. 영유아 교육을 책임지는 선생님들은 그들이 하는 일의 가치를 제대로 인정받고 적절히 보상받아야 한다. 선생님들이 자율적으로 일할 수 있는 교육 환경이 꼭 필요하다.

아이들은 자신을 둘러싼 환경을
오감으로 체험하고 누릴 권리가 있습니다.

이때 어른들의 시선으로
아이들이 느끼는 감각을
함부로 재단하거나 틀에 가둬서는 안 됩니다.

옷이 더러워진다, 지저분하다 타박하지 말고
흙놀이든 물놀이든 자연 속에서
충분히 뛰어놀도록 허락해줍니다.

자기만의 방식으로
아이들 마음속의 이야기들을
표현할 수 있도록 지지해줍니다.

지금, 우리 아이들은
온전히 세상을 느끼며 성장하고 있나요?

Part 4

감각을 열어주는 교육

"상상력은 지식보다 훨씬 중요하다.
지식은 제한되어 있고 갇혀 있지만,
상상력은 세상의 모든 것을
끌어안으며 나아갈 수 있다."

_ 알베르트 아인슈타인

호기심 넘치는 질문엔
이야기가 명답이다

솔이가 여섯 살 때의 일이다. 한겨울 함박눈이 가득 쌓인 먼 산을 한참 바라보더니 나에게 갑자기 이런 질문을 던졌다.

"엄마, 저 산꼭대기에 있는 눈은 왜 안 녹아요?"

"솔아, 왜 그럴까?"

"산꼭대기는 하늘의 해님과 더 가깝잖아요. 해님이 따뜻한 담요처럼 산을 덮어줘서 눈이 금방 녹을 것 같은데요."

"그렇게 생각할 수도 있구나. 우리 해님한테 물어볼까?"

"네, 오늘 밤에 물어봐요!"

그즈음 솔이는 호기심 가득한 눈으로 지칠 줄 모르고 "하늘에 무지개는 왜 떠요?", "눈과 비는 왜 오는 거예요?" 등등 나에게 수많은 질문을 던졌다. 그때마다 나는 아이의 궁금증을 풀어주기 위해 과학적인 지식을 동원하여 자세한 설명을 해주지 않았다. 대신 아이가 마음껏 상상하며 자기 나름대로 궁금증을 풀어나갈 수 있도록 충분한 시간을 주고 기다렸다.

아이들의 끊임없는 질문이 버겁다는 부모들에게서 아이들의 질문에 친절하고 완벽한 대답을 해줘야만 한다는 강박을 읽는다. 사실 아이들이 어른들에게 언제나 정답을 기대하고 질문을 던지는 것은 아니다. 아이들이 던지는 질문은 호기심을 표현하는 또 다른 방법이자 스스로에게 말을 거는 방식이기도 하다.

나는 아이들의 질문에 당황하지 않고, 모르면 솔직하게 모른다고 대답하고 "엄마도 왜 그런지 궁금해지네, 왜 그럴까?" 하며 같이 궁금하다는 시늉을 하곤 했다. 굳이 아이들에게 피드백을 해줘야 한다면 그와 관련된 재미나고 별난 옛이야기를 찾아서 들려주는 편을 택했다.

나는 솔이가 하늘에 무지개는 왜 뜨냐고 물어보았을 때, 서정오 선생님의 옛이야기 책에 실려 있는 〈무지개는 왜 뜨나?〉라는 이야기를 들려주었다. 설사 내가 알고 있는 지식으로도 충분히 과학적인 설명을 할 수 있는 질문에 대해서도 아이들이 자신의 답을 상상할 수 있도록 이야기를 들려주는 편을 택했다. 이야기 중에서도 개념을 설명하는 어려운 이야기보다 아이들의 나이와 발달 단계마다의 요구에 걸맞은 이야기를 들려주었다. 당장의 궁금증을 해소시켜주는 것보다 아이들의 호기심을 자극하고 영감을 주는 것이 더 중요하다고 생각했기 때문이다.

부모들은 아이들에게 책을 많이 읽혀야 한다고 생각한다. 그런 강박이 전집 구매를 충동질하고, 집 안 가득 들여놓은 책을 읽지 않은 아이를 원망하게 만들곤 한다. 그러나 나는 어린아이들의 생각을 구조화시키는 일은 최대한 늦추는 것이 좋다고 생각한다. 그 전에 선행되어야 할 것은 온몸의 감각과 자기만의 느낌으로 세상을 받아들이는 일이다. 입말로 듣는 이야기는 활자로 읽혀지는 이야기보다 덜 구조화 되어 있기 때문에 아이들의 상상력을 훨씬 더 확장시켜준다.

나 또한 같은 이야기를 아이들에게 반복해서 들려주면서 삶에 대한 새로운 영감을 얻기도 했다. 한 아이의 부모가 된다는 것은 이미 굳어진 어른의 눈을 벗어나 아이의 순수하고 호기심 어린 눈으로 세상을 새롭게 볼 수 있는 기회를 갖게 해주기도 한다.

아이를 품에 안고 이야기를 들려주다보면 어느 순간 부모에게도 예기치 않은 선물이 주어지기도 한다. 같은 이야기를 반복해서 들려주다보면 이야기 속의 숨은 의미를 재발견하는 순간이 찾아오는 것이다. 나 역시 아이들에게 이야기를 들려주면서 삶을 살아 나갈 새로운 영감과 통찰을 발견해내곤 했다.

이야기 들려주기의 효용과 관련하여 재미있는 일화가 있다. 한 부모가 아인슈타인에게 물었다.

"아이를 똑똑하게 키우려면 부모로서 어떻게 해야 하나요?"
"이야기를 많이 들려주세요."

비범한 천재의 평범한 대답에 만족하지 못한 부모가 재차 물었다.

"내 아이는 조금 더 특별히 똑똑한 아이입니다. 우리 아이를 당신처럼 과학자로 더 똑똑하게 키우려면 어떻게 해야 하나요?"
"더 많은 이야기를 아이에게 들려주세요."

아인슈타인의 한결같은 대답에 만족하지 못한 부모는 한 번 더 비결을 물었다. 이에 대한 아인슈타인의 대답은 아주 유명하다.

"더욱더 많은 환상적인 이야기를 들려주세요."

우리는 아이들에게 이야기를 들려주는 일을 늘 해오던 평범한 한 행동이라고 생각한다. 그렇기에 우리 아이들의 뇌를 발달시키고 더 똑똑한 아이로 키우기 위해서는 무언가 특별한 노력이 필요하다고 생각하기 쉽다. 그런데 아인슈타인의 이 일화는 단순하지만 핵심적인 방법을 새삼 일깨워준다.

오랜 세월 이어져온 생명력 있는 이야기들, 삶의 보편적인 가치를 일깨워주는 이야기들, 마음껏 상상할 수 있는 환상적인 이야기들이 아이들을 건강하고 똑똑하게 성장시키는 가장 훌륭한 원동력이라는 사실 말이다.

책 읽기보다 중요한 이야기 들려주기

인문 교육의 중요성이 나날이 커지면서 인문학적 소양을 갖추기 위한 방법으로서 독서 교육의 중요성이 새삼 부각되고 있다. 그러나 나는 읽기 교육만큼 중요한 것이 바로 이야기 들려주기라고 생각한다. 이야기를 들려줄 때 아이들은 엄마 아빠와 시선을 교환하며 친밀하고 따뜻한 교감을 나눈다. 뿐만 아니라 이야기를 들으면서 아이들은 머릿속으로 자신만의 독특한 이미지를 떠올리며 내면의 그림을 그려나간다. 다른 사람의 말을 귀 기울여 듣는 힘이 자연스레 길러지는 것은 물론이다.

아이들은 이야기를 통해 앞으로 만날 세상을 간접 경험한다. 특히 민담이나 설화와 같이 여러 세대를 거쳐서 입에서 입으로 전해

내려온 옛이야기는 아이들에게 들려주기에 좋은 서사 구조를 갖고 있다. 무엇보다 기승전결이 명확하여 아이들이 이야기의 흐름을 이해하기 쉽다는 장점이 있다. 보통 옛이야기의 주인공들은 이야기 속에서 다양한 시련을 겪는데 이를 본인의 의지 혹은 주변의 선한 조력자의 도움으로 극복하며 성장한다. 또한 주인공을 위험에 빠트린 악당은 이야기 끝에 꼭 벌을 받는다. 이같은 권선징악적 결말을 들으면서 아이들은 대리만족을 체험한다. 더불어 진실이 드러나고 정의로움이 실현된 세상에 대한 믿음을 갖고 '이 세상은 참 살 만한 곳이구나' 하는 안정감을 갖게 된다.

옛이야기는 "옛날 옛날 아주 먼 옛날에"로 시작되는데 이는 듣는 사람으로 하여금 지금 펼쳐지는 이야기가 여기와는 멀리 떨어진 시공간에서 일어나는 일이라는 거리감을 선사한다. 이 심리적인 거리감은 아이가 이야기의 내용을 지금, 여기에 존재하는 자아와 독립시킬 수 있게 해주어 이야기를 보다 자유롭게 듣고 받아들일 수 있게 해준다.

오스트리아 태생의 심리학자 브루노 베텔하임은 저서 『옛이야기의 매력』에서 옛이야기는 아이가 진정한 자아를 확립하여 성숙한 단계로 발달하는 것을 도와주기 때문에 부모들이 아이들에게 옛이야기를 들려주어야 한다고 강조한 바 있다.

베텔하임이 이야기를 들려줄 때 원본의 중요성을 강조한 부분도 눈여겨봐야 할 부분이다. 옛이야기는 원본으로서만 그 참된 의미를 제대로 이해할 수 있고, 그 매력을 경험할 수 있다는 것이다. 그러므로 이야기 속에 등장하는, 현실의 원칙과 대립하는 내용도 아이들에게 숨기지 말고 들려주라는 것이다.

보통 부모들은 권선징악이나 인과응보가 뚜렷한 이야기, 도덕적인 결말을 가진 이야기를 들려주고자 한다. 또한 이야기 속에 등장하는 악인의 행위나 잔인한 내용은 삭제하거나 조금 약화시켜서 혹은 미화시켜서 이야기를 들려주곤 한다. 그러나 아이들은 주인공을 학대하는 나쁜 계모나 못된 형제와 같은 악인에게 자신의 억압된 감정을 전이한다. 또한 나쁜 사람이 벌을 받는 결말을 통해 얻는 카타르시스로 세상을 대면할 용기를 얻는다.

비슷한 맥락에서 이야기와 관련한 교훈적인 설명을 덧붙이지 않는 것이 좋다. 아이들은 저마다의 기질과 특성에 따라 그 이야기를 해석하고 이야기 속의 주인공들과 자유롭게 소통을 하고 싶어하기 때문이다.

몇 해 전 부모교육에서 한 엄마가 들려준 이야기다. 우리의 옛이야기 가운데 〈은혜 갚은 까치〉 이야기를 엄마에게서 방금 들은 아이가 다시 아빠한테 가서 같은 이야기를 또 들려달라고 부탁했다고 한다. 아빠가 "너 방금 엄마한테 그 이야기 들었잖아" 하고 말하자 아이는 "아빠 이야기랑 엄마 이야기는 달라. 아빠의 까치

엄마가 만든 인형 ©노선희

아이들에게 들려준 이야기를 인형극이나 자유놀이를 통해
표현할 수 있는 기회를 마련해주는 것도 좋다.
자기 나름대로 이야기를 소화해내고 표현함으로써
이야기 속 주인공의 처지와 상황에 대해
더욱 적극적으로 공감할 수 있는 능력이 길러진다.

이야기 들려줘요" 하고 말했다고 한다. 내용상으로는 똑같은 이야기지만 그 아이는 엄마와 나누는 정서적 체험과 아빠와 나누는 정서적 체험을 각기 다르다고 여기고 그 둘을 따로 즐기고 싶어 했던 것이다.

이처럼 아이들은 좋아하는 이야기를 다양한 형태로 반복해서 듣기를 좋아한다. 반복되는 이야기 속에서 아이들은 편안함을 느끼고, 이야기의 재미에 한층 더 깊이 빠지게 된다. 특히 학령기 이전의 어린아이들이라면 엄마가 좋아하는 이야기를 골라 하나의 이야기를 2~3주 동안 반복해서 들려주면 좋다.

아이들에게 들려준 이야기를 인형극이나 자유놀이를 통해 표현할 수 있는 기회를 마련해주는 것도 좋다. 자기 나름대로 이야기를 소화해내고 표현함으로써 이야기 속 주인공의 처지와 상황에 대해 더욱 적극적으로 공감할 수 있는 능력이 길러진다.

내가 현이를 발도르프 유치원에 보내면서 살펴보게 된 발도르프 유치원 풍경 중에서 생소하면서도 놀라웠던 것은 교실 어디에도 책이 없었다는 점이었다. 선생님은 책을 읽어주는 대신 흔들의자에 앉아 아이들과 눈을 맞추며 옛이야기를 들려준다. 이야기를 들려줄 때는 자연스럽고 편안한 소리로 들려준다. 극적인 재미를 위해 지나치게 과장하거나 꾸미지 않고 최대한 자연스러운 목소리로 차분하게 들려준다. 조용한 목소리로 이야기를 들려주면 아이들은 오히려 호기심 어린 표정으로 이야기에 더욱 귀를 기울인다.

이처럼 아이에게 이야기를 들려줄 때는 책을 펼쳐서 글자를 짚어가며 읽어주는 것보다 부모 자신이 좋아하는 이야기를 머릿속으로 기억하여 들려주는 것이 좋다. 책 속의 활자를 정확하게 전달하는 것보다 아이와 이야기를 매개로 소통하고 교감하는 것에 방점이 찍혀야 한다. 아이에게 좋은 이야기를 들려주어야만 할 것 같은 압박이나 욕심은 내려놓자. 오래전 우리의 할아버지 할머니가 손주들에게 옛날이야기를 들려주시던 것처럼 편안하게 들려주면 된다. 다만 이야기를 들려줄 때의 호흡은 신경 쓸 필요가 있다. 쉼 없이 빠른 속도로 들려주면 아이들은 이야기를 따라가면서 호흡이 함께 가빠진다. 들숨과 날숨의 리듬이 깨지게 되는 것이다. 느린 호흡으로 숨을 골라가면서 이야기를 들려주자.

애써 동화 구연 하듯이 들려줄 필요도 없다. 어린아이에게 이야기를 들려줄 때 감정을 지나치게 강조하여 표현하면 아이들은 대체로 무서워한다. 현이가 네 살 때 친구의 초대로 가족 모두가 인형극 〈벌거벗은 임금님〉이 상연되는 극장에 다 같이 간 적이 있었다. 그런데 이야기를 들려주는 사람이 너무 감정을 이입하여 드라마틱하게 들려주기 시작하자 현이가 무섭다고 울음을 터뜨리는 바람에 극장 밖으로 나올 수밖에 없었다. 나는 할 수 없이 인형극 관람을 포기하고, 대신 극장 밖에 있는 분수대 옆에 아이와 함께 앉아 차분한 목소리로 〈벌거벗은 임금님〉 이야기를 조곤조곤 들려주었다. 그러자 아이가 놀란 마음을 추스르고 인형극 관람을 못하게 된 상심도 잊은 채 이야기에 몰두하며 시간을 보냈다.

20여 년 넘게 우리 옛이야기를 되살리는 데 앞장서오신 서정오 선생님은 "이야기는 기술이 아니라 감동과 흥겨움으로 하는 것이며, 말재주 있는 몇 사람 것이 아니라 땀 흘리며 일하는 보통 사람들 것이다. 또 잘난 아이건 못난 아이건, 공부 잘하는 아이건 못하는 아이건, 이야기를 들으면서 마음을 키워갈 권리가 있다"고 강조하셨다. 이야기는 아이들의 마음을 어루만져주는 엄마의 약손이자 희망과 꿈을 샘솟게 하는 샘물 같은 것이다. 오랫동안 전해 내려온 옛이야기를 들으며 자란 아이들은 생의 어려움이 닥쳐도 좌절하지 않고 이야기 속의 주인공처럼 용기 있게 인생을 개척해 나갈 수 있는 힘을 기를 수 있을 것이다.

연령별 이야기 들려주기 노하우

0~3세

이 시기 아이들은 상상력이 충분히 발달하지 않아 단순하고 짧은 자연 이야기, 생활 이야기를 들려주는 것이 좋다. 아이가 보내는 하루 일상을 있는 그대로 들려주어도 좋다. '아침에 일어나 아침을 먹고 함께 놀이터에 나가 그네도 타고 모래놀이를 했다'는 일상생활에 대해 엄마가 들려주는 짧고 단순한 이야기는 그 자체만으로 아이에게 큰 즐거움을 준다. 사람과 동물의 행동이나 소리를 표현한 의성어, 의태어를 활용해서 리듬감 있게 반복적으로 들려주어도 좋다.

4~5세

이즈음은 기억력을 담당하는 두뇌 부위가 발달하는 시기이므로 기승전결을 갖춘 이야기도 충분히 소화해낸다. 이때는 이전보다 조금 더 길고, 조금 더 자세한 내용이 있는 이야기, 리듬이 반복적으로 있는 이야기를 들려주면 좋다. 엄마 아빠가 어렸을 때 경험했던 이야기를 들려주어도 좋다.

6~7세

이즈음은 공감능력이 발달하는 시기이기 때문에 이야기 속의 주인공에게 감정이입을 하여 상상의 여행을 떠날 수 있는 내용의 동화들을 좋아한다. 예닐곱 살 무렵, 아이들의 젖니가 빠질 즈음이 되면 다양한 감정을 체험할 수 있는 이야기를 즐기게 된다.

노래와 율동으로 오감을 키워주자

타박타박 타박네야, 너 어디로 울며 가니.
우리 어머니 계신 곳에 젖 먹으러 찾아간다.
물이 깊어서 못 간단다. 물 깊으면 헤엄치지.
산이 높아서 못 간단다. 산 높으면 기어가지.
길을 몰라서 못 간단다. 길 모르면 물어가지.
범이 무서워 못 간단다. 범 있으면 숨어가지.

어린아이가 엄마를 찾아나서는 여행을 그려내고 있지만, 비관적이지 않고 어려운 상황에서도 꿋꿋하게 헤쳐나가겠다는 낙관적인 의지가 듬뿍 담긴 전래동요의 가사다. 이처럼 오랫동안 전해

내려오는 노래에는 삶에 대한 통찰과 희망이 함축적으로 담겨 있다. 그런 노래들을 부르면서 우리들은 지친 마음을 추스르고 세상을 보다 아름답고 긍정적인 시선으로 바라보게 된다. 실제로 어린 시절의 꿈, 천진난만한 순수함이 담겨 있는 동요를 부르는 행위는 의료적인 치유 효과가 있다고 한다.

노래는 사람들 사이의 서먹함을 없애주고 거리낌 없이 소통할 수 있도록 해주는 또 다른 언어다. 발도르프 학교에 다니는 아이들은 매일 아침 둥그렇게 원을 만들어 둘러앉아 시를 함께 낭송하고, 계절감을 느낄 수 있는 노래를 부르고, 리듬 놀이를 하며 밤새 잠들어 있던 감각을 깨우며 하루를 시작한다.

내가 부모교육 시간에 노래 부르기와 시 낭송의 힘에 대해 이야기를 하면 엄마들이 나에게 집에 가서 아이들에게 가르쳐주고 싶다고 하면서 추천하는 노래의 가사와 시의 구절을 복사해서 달라고 할 때가 있다. 그때마다 나는 한사코 아이들에게 활자화해서 익히게 하지는 말라고 말한다. 대신 가사를 얼버무리는 실수를 하더라도 반복해서 귀로 노래를 듣고 부르게끔 하라고 권한다. 반복은 우리의 뇌를 발달시켜준다. 활자에 의지하지 않으면 자연스레 주의 깊게 경청하게 되는 습관도 익히게 된다. 실제로 우리 아이들은 악보 읽는 법을 초등학교 3학년 말이 되어서야 배우기 시작했다. 그전에는 악기를 배울 때도 음악을 귀로 듣고 익히는 방식으로 음을 몸으로 배워나갔다.

미국 아이들은 아주 어렸을 때부터 '마더 구스Mother Goose'를 들으며 자란다. 마더 구스는 우리나라의 전래동요처럼 구전으로 전승된 영미 아동문학의 소중한 문화유산이다. 라임과 리듬이 풍부해서 아이들의 언어발달에 도움이 되는 것으로 알려져 있다. '반짝 반짝 작은 별(Twinkle Twinkle Little Star)' 같은 노래들이 대표적인 마더 구스다. 아이들은 가사의 뜻을 잘 몰라도 반복되는 라임과 리듬을 즐겨 따라한다.

리듬이 실린 언어는 신체활동에도 영향을 미치는데 혈액순환과 안정된 숨쉬기를 도와준다. 노래 부르기와 뇌 발달의 연관성에 관한 연구에 따르면 노래는 기억력 발달에 긍정적인 영향을 미친다. 특히나 엄마 아빠와 함께 부르는 노래는 아이들의 신경세포의 활동을 활발하게 해주어 아이들의 두뇌와 정서 발달에 큰 도움이 된다.

이때 주의할 것은 아이들과 노래를 부를 때, TV나 스마트폰 같은 시각적인 미디어를 쓰지 않아야 한다는 점이다. 이것들은 아이들이 리듬이나 멜로디의 은근한 변화를 섬세하게 알아차리는 것을 방해한다. 어린아이들이 좋아하는 가장 자연스러운 소리는 단연코 엄마와 아빠의 목소리다. 노래를 못한다고 머뭇거리지 말자. 엄마 아빠라는 사실만으로 아이에게는 당신의 목소리가 그 어떤 소프라노, 바리톤보다 최고의 목소리다.

어린아이와 노래를 부를 때는 조금 빠른 리듬으로 불러준다. 자장가를 제외한 대부분의 전래동요는 약간 빠른 리듬을 지니고 있다. 조금 빠른 리듬은 아이들 맥박이 뛰는 정도와 비슷하여 신체적 무리 없이 흥을 돋워주며 즐겁게 따라 부르기도 쉽다. 아이들이 가사와 멜로디를 잘 들을 수 있도록 먼저 노래를 정확하게 두어 번 정도 반복해서 불러주면 아이들이 따라 하기 쉽다.

슈타이너는 만 9세 이전의 아이들에게 '도'와 '파' 반음이 없는 온음 5음계(레미솔라시) 노래를 들려주기를 권했다. 오음계 음악은 자연의 소리에 가까워 아이들이 7음계 음악보다 편안하게 받아들인다고 한다. 실제로 수많은 전래동요와 자장가가 이 다섯 음 사이를 오르내린다.

노래와 춤은 만인의 언어라고 하지 않는가? 오늘부터 아이들과 손을 맞잡고 짧은 시간이라도 함께 노래하고 춤추어보라. 아이들과 함께 장단을 맞추고 즐겁게 춤추며 노래를 부르다보면 일상에 지쳐 제대로 돌보지 못했던 내 안의 감정들이 부드럽게 풀리는 체험을 할 수 있을 것이다. 물론 아이들과 함께 노래를 부르다보면 두고두고 추억할 장면들이 쌓이게 되는 것은 덤으로 얻을 수 있는 선물이다.

아이들에게 에너지를 발산할 시공간을 허락하자

지금의 부모 세대들이라면 어릴 적 해가 저물 때까지 밖에서 놀다가 저녁밥 먹으라는 엄마의 목소리에 부랴부랴 집으로 뛰어 돌아간 기억들이 하나씩은 있을 것이다. 변변한 장난감 하나 없었어도 친구들과 동네 골목을 종횡무진하며 뛰놀거나, 흙장난을 하면서 놀던 기억들 말이다.

하지만 요즘은 그런 풍경을 마주치기가 쉽지 않다. 아파트 단지 중심으로 주거환경이 바뀐 탓도 있고, 워낙 아이들을 대상으로 한 흉흉한 범죄가 늘어난 탓도 있겠지만, 기본적으로 요즘 아이들은 놀이를 위한 조건인 시간, 공간, 친구 모두를 빼앗긴 삶을 살고 있는 듯하다. 놀이를 한다고 해도 학습을 목적으로 하는 놀이 프로그램 안에서 규격화된 놀이를 하는 경우가 대다수다. 놀이마저 교육의 일환이 되어버린 풍조가 씁쓸하다.

실제로 부모교육을 할 때마다 엄마들은 아이들이 놀기 좋아해서 걱정이라고 이야기한다. '놀아도 놀아도 끝이 없다', '한 번 놀게 하면 계속 놀 것이다'라며 깊이 염려한다. 나는 그럴 때마다 잘 노는 아이를 두고 왜 걱정하느냐고 반문한다. 스스로 놀잇감을 찾아 그것에 깊이 열중하여 탐색하고 바라보는 아이의 흐뭇한 표정을 본 적이 있는가? 뇌 신경 연구에 의하면 아이들은 자신이 좋아하는 일에 집중하고 몰두했을 때 많은 정보를 획득한다고 한다.

지금은 실컷 놀아도 괜찮지만 학령기에 접어들게 되면 지금의 그 마음이 변할 것 같다는 부모도 있다. 이런 부모는 그나마 조금 더 나은 편이다. 그러면 나는 그 마음 변치 말고 계속 신나게 놀게 해주라고 말한다. 많은 부모들은 놀이의 긍정적인 결과가 바로 눈에 보이지 않기 때문에 공부가 우선이고, 놀이는 남는 시간에 해주는 선택이라고 생각하지만 아이의 건강한 성장을 위해서 놀이는 필수다. 아니, 놀이는 아이들이 누려야만 하는 권리다.

발달심리학자인 레프 비고츠키는 아이들의 놀이가 인지 발달, 추상적인 사고의 발달에 핵심적인 역할을 한다고 했다. 시카고대학 교수인 데이비드 화이트브레드는 "놀이는 아무런 성취도 가져다주지 않는 미성숙한 행동으로 보이지만 놀이야말로 아이의 두

뇌 발달에 필수적이다. 아이는 놀이를 통해 끈기와 주의집중력, 감정을 통제하는 방법을 터득한다"고 이야기한 바 있다.

무슨 일이든 좋아하는 일을 충분히 해본 아이들은 끈기와 의욕이 넘친다. 자립심, 독립심은 책상머리에서는 결코 키워지지 않는다. 어린 시절부터 세상을 온몸으로 체험하고 받아들인 아이들만이 얻을 수 있는 능력이다. 네이처 스마트nature smart의 힘은 북 스마트book smart를 능가한다.

자연은 아이들에게 살아 있는 책이다. 같은 장소라도 계절에 따라 하고 싶은 일, 해야 할 일이 달라진다. 새소리와 물소리를 듣고, 꽃을 만지고 꽃향기를 맡고, 다양한 자연의 색깔을 만나고, 나무 그늘의 시원함도 느껴보는 체험은 아이들의 뇌 발달은 물론이고 직관력, 관찰력, 호기심도 키워준다. 자연으로부터 영감을 받아야 생각도 깊어지고 창조하는 힘도 커나간다. 놀이는 우리 일상에 재미를 주고, 익숙한 것을 새롭고 낯설게 바라볼 기회를 마련해준다. 아이들은 놀면서 새로운 것을 상상하고 응용하는 능력을 키워나간다.

자연 체험을 위해서 멀리 여행갈 필요도 없다. 아이들이 놀기에 제일 좋은 곳은 집에서 가까워 부담 없이 자주 갈 수 있는 낯익은 놀이터나 집 근처의 산이나 계곡이다. 아이들은 어른처럼 경치를 바라보는 것에서 만족을 찾지 않는다. 아이들을 사로잡는 것은 눈

앞의 신기한 자연물들이다.

오래전 어린 두 아이를 데리고 미국 서부의 그랜드캐니언 국립공원에 놀러 간 적이 있다. 남편과 나는 수만 년 동안 자연이 소리 없이 이루어낸 놀랍고 아름다운 경관에 감탄하여 '아!' 하고 탄성을 지르기에 바빴다. 그러나 아이들은 달랐다. 장관이 펼쳐진 그랜드캐니언 꼭대기 전망대에 올라가서도 집 앞마당에서 놀던 것처럼 땅 파고 흙장난 하고 놀고 있는 것이 아닌가!

그 순간 '너희들은 이 경치를 보는 것보다 집 근처 낯익은 놀이터에서 노는 것이 더 좋을 테지. 엄마 아빠 때문에 너희가 고생이 많구나' 하는 생각이 들었다. 그리고 아이들에게 웃으면서 이렇게 이야기했다. "현아, 솔아! 너희들 나중에 엄마 아빠를 위해서 효도 관광 따로 하지 않아도 된다. 엄마 아빠는 지금 이미 실컷 하고 있으니까 말이다. 너희들이 지금 힘들어도 잘 참아주는 덕에 이미 엄마 아빠가 효도 여행을 하고 있어. 고맙다!"

때로는 아이들을 실컷 놀게 하는 것까지는 좋은데 아이들 놀이를 보며 옆에서 개입하고 잔소리하는 부모들의 모습도 종종 보게 된다.

한 번은 여러 가족이 모여 강가로 놀러 갔을 때의 일이다. 아이들이 물가에 내려가 놀기 시작하자 한 아빠가 아이들에게 이렇게 말했다. "위험하게 물속에 뛰어들지 말고 그냥 흐르는 강물을 감

자연은 아이들에게 살아 있는 책이다.
같은 장소라도 계절에 따라
하고 싶은 일, 해야 할 일이 달라진다.
자연으로부터 영감을 받아야
생각도 깊어지고 창조하는 힘도 커나간다.

상해라.” 아이들이 물에 뛰어들고 싶어 하고, 흙을 가지고 놀고 싶어 하는 것은 지극히 자연스러운 아이다운 행동이다. 그런데 부모는 마치 자기 어린 시절을 전혀 기억 못하는 사람처럼 행동하곤 한다. 내 아이의 행동이 위험해 보이거나 마뜩치 않을 때에는 자신의 어린 시절을 떠올려보자.

나는 아이들이 마음껏 뛰놀며 상상력을 키워나갈 수 있는 자연 놀이터가 마을 곳곳에 만들어지길 소망한다. 더불어 언젠가는 탁 트인 자연에서 가족이 함께 어울리며 공감하고 소통할 수 있는 프로그램을 기획하여 재미난 캠프를 하게 되는 그날을 꿈꾸어본다.

감각 발달을 가로막는 가장 큰 적, TV와 스마트폰

미국 전역에서 매년 봄, 4월 마지막 주나 5월 첫 주는 '스크린 없는 주간Screen-Free Week'이다. 이 주간에는 각 주마다 아이들을 위해 미디어 없이도 함께할 수 있는 여러 흥미로운 프로그램이 다양하게 운영된다. 뿐만 아니라 부모들을 위한 교육 강연들도 많이 열린다. 그때 들었던 강연 중 우리 아이들이 다니던 발도르프 학교에서 열렸던 '미디어는 어떻게 아이들에게 영향을 미치는가?'를 주제로 한 강연은 미디어의 유해성을 다시 한 번 일깨워주었다. 그날 강연자로 온 분은 아이들의 발달과 변화를 오랫동안 심층적으로 연구하며 많은 책을 펴낸 조셉 칠턴 피어스였다. 그날 강연에서 그는 미디어의 영향과 관련한 여러 실험 결과들을 알려주었다. 특히 미디어의 자극과 폭력성에 대한 연구 결과는 섬뜩하기까지 했다.

많은 심리학자가 미국 내 청소년들의 총기 사고에 관해 연구했는데 총기 사고의 가해자였던 학생들의 가정환경은 평범한 가정, 이혼한 가정, 부유한 가정, 가난한 가정 등 여러 갈래로 나뉘었다. 즉, 환경적인 공통점을 찾기 어려웠다는 말이다. 그런데 그 학생들의 유일한 공통점이 하나 있었다. 바로 그들이 평소 많은 시간을 자극적인 영상 시청을 하며 보냈다는 사실이었다. 과도한 미디어 자극에 노출된 아이들이 공통적으로 보이는 성향은 쉽게 지루함을 느끼고 소극성을 띠는 행동을 한다는 점이었는데, 이는 곧 사회 부적응으로까지 이어진다고 한다.

앞에서도 누차 언급했지만, 아이들은 자유놀이를 통해 문제해결력, 사고력, 창의력을 키운다. 그런데 아이들이 이미 만들어진 이미지를 받아들이는 데에 익숙해지다보면 자신만의 내적 이미지를 창조할 수 없게 된다. 특히 자극적이고 상업적인 내용 중심으로 제작된 매스미디어는 아이들의 상상력을 송두리째 고갈시킨다.

흔히 '바보상자'라고 불리는 TV와 스마트폰이 아이들의 뇌 발달과 학습능력을 가로막는다는 연구 결과는 이미 여러 곳에서 발표되고 있다. 오늘날 디지털 미디어의 시대를 살고 있는 부모들로서는 이러한 시대적인 흐름을 어떻게 거스르느냐, 아이들에게 아이패드로 인터넷 동영상을 보여주는 것은 나름의 이유가 있는 불가피한 선택이라고 하소연할 수도 있다. 하지만 아이들을 위해서는 다소 불편한 점이 생기더라도 집에서 스마트폰의 사용과 TV 시청을 최대한 줄여야만 한다.

어린아이들은 몸 전체가 하나의 감각기관이라 해도 과언이 아니다. 이 시기의 아이들은 감각을 통해 세상을 만나고 알아나가야 한다. 아이들이 TV, 컴퓨터 같은 미디어에 의존하기 시작하면 직접 체험하고, 듣고, 말하면서 세계를 알아가는 힘을 잃는다. 인기 캐릭터처럼 강한 시각적인 이미지 역시 아이들의 자유분방한 창의성과 상상력의 발달을 가로막는다.

미국 시카고대학에서 발표한 연구에 따르면 오직 사람들과의 '직접적인' 언어 나눔만이 어휘력과 문장력 향상의 효과가 있다고 한다. 미국 소아과학회는 만 24개월 이전의 아이들을 TV를 포함한 IT 기기 화면에 노출하지 말라고 강력히 권고하고 있다. 일본 의사협회도 유아기 때 TV 시청 시간이 길면 길수록 주의력이 산만해지며 말이 늦어지고 자폐증에 걸리기 쉽다고 이야기하며 유아들의 TV 시청을 자제하도록 권장한다.

이런 연구 결과를 차치하더라도 내가 그동안 만나온 아이들 가운데 TV나 스마트폰을 많이 보아온 아이들은 공통적으로 시선을 잘 맞추지 못한다는 것을 여러 차례 경험한 바 있다. 이 아이들은 피상적인 대답을 반복하고 집중력도 많이 부족했다. 또한 몇 분 간격으로 계속 '심심하다'고 말하면서도 주변에 대한 호기심과 탐색은 이루어지지 않았다.

그럴 때 나는 만사 제쳐두고 아이들을 데리고 나가 한동안 자연에서 바깥놀이를 하게 했다. 아이들과 비탈길을 여러 번 오르내리며 천천히 걷다가 쉬었다 빨리 뛰다가 쉬었다 하기를 재미난 놀이처럼 반복하다보면 재미난 놀이기구 하나 없이 나지막한 뒷동산을 오르락내리락한 것뿐인데도 아이들 입에서 심심해요, 힘들어요, 라는 말이 쏙 들어간다. 바깥에서 신나게 놀다보면 어느 순간부터 아이들의 표정이 환해지며 자신감 있는 표정으로 바뀐다. 아이들의 얼굴 표정이 바뀌는 것을 관찰하는 즐거움은 나에게도 특별하고 큰 선물이다.

그런 일과를 보내고 귀가한 아이들은 집에서도 옛날처럼 TV나 스마트폰을 많이 보지 않고 대신 손으로 꼼지락거리며 무언가를 계속 만들고, 그림도 자주 그린다고 한다. 더 이상 무언가를 사달라고 조르지도 않고 숲 놀이를 더 자주 가자고 부탁한다는 것이다.

누구나 다 보는 TV를 보지 않기란 결코 쉬운 일이 아니다. 그러나 집에 있는 TV를 서랍장에 넣어두거나, 천으로 가리기만 해도 아이들이 TV를 보고 싶어하는 욕구나 시청 횟수를 많이 줄일 수 있다. 하루만이라도 저녁에 온 가족이 TV를 보지 않으면 함께 할 수 있는 여러 가지 활동들이 있다는 사실을 깨달을 수 있다.

TV 없이 생활하면 생각보다 재미난 일을 많이 꾸미게 된다. 아이들에게 부모의 어린 시절을 이야기해주거나 옛날이야기를 들려줄 수도 있고, 식사 시간에도 좀 더 많은 대화를 나눌 수 있다. TV를 보는 것보다 가족들과 함께 보내는 시간이 훨씬 재미있다는 것을 스스로 느끼면 아이들은 생각보다 쉽게 TV에 대한 집착에서 벗어난다.

스마트폰이 없고 TV도 보지 않으면 아이들 사이에서도 화젯거리를 공유하지 못해 따돌림을 당하지는 않을지 걱정하는 부모도 있을 수 있다. 그러나 오히려 이런 아이들은 미디어에 의존하지 않고서도 재미있게 노는 방법을 알기 때문에 친구들 사이에서 인기가 더 많다. 우리 아이들은 부모의 이런 생각 때문에 또래친구들에 비해 스마트폰 사용이 많이 늦었다. 솔이는 대학에 들어가서, 현이는 고등학교 2학년 때 스마트폰을 처음으로 사용하기 시작했다.

솔이와 현이는 어렸을 때 집 만들기 놀이를 즐겨 했다. 식탁 의자 네 개를 사각형 모양으로 거실에 놓고 그 위에 얇은 담요나 커다란 천을 덮어씌운 뒤 텐트처럼 만들고 그 안에 들어가 놀기를 즐겼다. 때로는 집 안의 의자들을 모조리 붙여놓고 기차놀이를 하다가도 금세 인형극 무대로 바꿔 꾸미기도 했다. 아이들은 단순하게 무대를 꾸며놓고 몇 시간이고 나무토막이나 주변의 재료들을 움직이면서 상상놀이를 했다. 때로는 나무 열매들과 조약돌들을 가지고 시장놀이, 소꿉놀이를 하며 다양한 음식을 만들어 나에게 가져왔다. 아이들 눈에는 주변의 모든 것에 상상을 보태지면 멋진 장난감이 되는 것이다.

하지만 시대가 시대인 만큼 스마트폰과 같은 IT 기기를 어쩔 수 없이 아이 앞에서 사용하거나, 아이에게 허용해야 하는 경우도 있을 것이다. 그럴 때 가장 중요한 것은 평소 엄마 아빠가 사용 원칙을 정해놓고 그 규칙을 따르는 모습을 보여주는 것이다. 부모는 "10분만 사용할게"라고 아이에게 명확하게 사용 시간에 대해 이야기를 하고 제한된 약속을 꼭 지켜야만 한다. 그리고 아이에게는 그 시간 동안 다른 몰두할 것을 건네주면 좋다.

가령 외출을 할 때 가방에 조그마한 수첩과 밀랍 크레용 같은 작지만 아이들이 놀기에 좋은 물건들을 넣고 다니면, 센스 있게 아이들과 힘겨루기 하지 않고도 자연스럽게 재미난 활동으로 이끌 수 있다. 밀랍 크레용은 손에 묻지도 않고 쉽게 부러지지 않아 아이들이 밖에서 그림을 그리고 놀기에 적당하다. 간단한 손가락 인형을 만들어서 갖고 다니는 것도 좋다. 실뜨기도 아이들이 참 좋아하는 놀이다.

요즘에는 스마트폰에 달린 카메라로 언제 어디서든 사진을 찍는다. 하지만 부모들이 때로는 사진을 찍는 대신 그 순간을 깊이 만끽하며 마음에 담아보면 좋겠다. 정말 그 순간에 온전히 집중해서 찍어낸 마음의 필름은 지워지지 않고 오랜 추억으로 간직할 수 있다. 언제나 마음만 들여다보면 꺼내서 이야기를 나눌 수 있는 저마다의 사진이라니, 얼마나 멋진 일인가.

인형극은 상상력을 키워주는 최고의 놀이다

2014년 여름, 크래프트 빌리지에서 러시아 동화인 〈마센카와 곰〉 인형극 공연을 마치고 어른들과 소감을 나누었다.

"귀를 기울여 듣다보니 마음이 평화로워져요."

"이야기에 몰입하다보니 마음이 순수하게 정화된 것 같습니다."

"인터넷 게임, 스마트폰 게임 등 즉각적이고 동적인 것에 익숙한 아이들이 자연의 따스함과 인간의 손길을 느낄 수 있었던, 서정적이고 아름다운 귀한 경험이었습니다."

어른들도 동화를 읽거나 동화를 바탕으로 한 공연을 보고 나면 동심과 순수함을 회복한 듯한 경이로운 경험을 한다. 잊고 있던 삶의 가치를 돌아보게 되고 정화되는 순간을 맞이하는 것이다.

실제로 엄마들과 처음 만나는 서먹한 자리에서 손가락 인형을 통해 이야기를 나누다보면 어색했던 공기가 무색하게 쉽게 말문을 열고 소통하게 된다. 이러한 마술이 가능한 까닭은 자아가 없는 인형이라는 매개체를 통해 사람들이 감정이입과 공감의 경험을 충분히 할 수 있기 때문이다.

슈타이너에 따르면 어렸을 때 인형극을 많이 하고, 보고 자란 아이들은 사춘기를 겪지 않는다고 한다. 가까운 일본에서도 한때 학교 폭력이 심각한 사회 문제로 대두된 적이 있다. 당시 전문가들의 다양한 접근과 모색을 통해 학교 폭력을 없애는 방법 가운데 하나로 인형극 공연을 제시했다고 한다. 돌아보면 우리 모두에게는 어린 시절 친구와 종이인형을 가지고 이야기를 만들어가면서 시간 가는 줄 모르고 맘껏 상상의 나래를 펼치며 즐겁게 놀았던 추억이 있지 않은가.

내가 인형극의 세계에 입문하게 된 것은 지금으로부터 17년 전의 일이다. 두 남매를 키우는 엄마로서 인형극에 대해서 심층적으로 배울 수 있었던 것은 더할 나위 없이 소중한 기회였다. 인형극의 세계는 알면 알수록 어려웠다. 막대 인형극, 손 인형극, 줄 인형극, 그림자 인형극 등 종류도 다양했다. 인형을 움직일 때에도 동물의 특징, 연령별 사람의 일반적인 특징 등 원형에 대한 이해가 있어야 생명력 있게 표현할 수 있었다.

인형극에 대해 배울수록 나의 고민은 두 가지로 좁혀졌다. 하나는 어떻게 하면 인형을 더 사실적이며 예술적이게 만들고 더 생명력 있게 움직일 수 있을 것인가? 다른 하나는 어떻게 해야 모두의 가슴을 울리는 진정한 감동을 줄 수 있을 것인가? 나는 진지하게 고민하면서 아이들에게 보여줄 인형극 작품 준비에 정성을 쏟았다.

인형극 교육을 이끌던 선생님은 "인형극이 심리치료로서의 역할을 제대로 수행하기 위해서는 인형 그 자체와 인형극, 두 가지 모두 완성도가 높아야 한다"고 강조했다. 우연한 기회에 시작하게 된 인형극은 그후 전체 교육 과정을 마치고 십여 년 넘게 다양한 인형극 공연을 하는 것으로 이어졌다.

내가 심리치료로서의 인형극을 배울 무렵, 우리 아이들은 자연스레 내가 만든 인형들을 가지고 놀면서 컸다. 한 번은 집에서 두 남매가 인형극을 하며 놀고 있는데 가만히 보니 아빠에게 혼났던 상황을 실황중계 하고 있는 것이었다. '그래! 그렇게라도 스트레스 해소해야지!' 하다가 아이들이 자신들을 혼내는 아빠의 모습을 너무 잘 표현해 결국은 모두 박장대소했던 추억이 떠오른다. 부모들은 아이들이 인형놀이를 하며 얼마나 재미나게 상황을 해석하고 이야기를 만들어내는지, 엄마와 아빠의 말투나 행동을 얼마나 판박이로 모방해내는지 놀라운 눈으로 지켜볼 수 있을 것이다.

아이들은 인형극에 참여하면서 다른 사람과의 관계 속에서 '나'를 발견하는 기회를 얻기도 하고, 자기보다 힘이 약한 존재에 대한 보살핌의 마음도 기른다. 인형을 소통의 매체로 활용하여 어른들에게는 직접 할 수 없는 이야기들도 인형을 통해 자유롭게 말할 수 있다. 어린아이들의 발달 과정에서 꼭 필요한 네 가지 기본 감각인 촉각, 생명감각, 운동감각, 균형감각을 고루 발달시킬 수 있는 예술 활동이 바로 인형극이다.

그런데 발도르프 인형극은 다른 인형극과는 조금 다른 특별함이 있다. 양모와 면, 실크 등 천연 재료로 만든 헝겊인형을 들고 전개하는 발도르프 인형극은 대체로 '조용한' 편이다. 이야기를 이끌어가는 사람은 최대한 자연스럽고 잔잔한 목소리로 인형극을 이끌어나간다. 동화 구연 투의 말소리가 아니지만 아이들은 눈을 동그랗게 뜬 채 인형의 움직임에 집중하면서 이야기 속 주인공과 함께 소통하고 공감하면서 즐거워한다.

발도르프 인형은 아주 단순하게 만들어진다. 인형의 얼굴은 눈, 코, 입을 정교하게 묘사하지 않는다. 때로는 눈, 코, 입이 없는 경우도 있다. 아이들이 각자의 기질, 마음 상태에 따라 인형의 표정을 상상할 수 있는 여지를 주기 위해서다. 아이들은 단순하게 표

헨젤과 그레텔 인형극 ©장연미

아이들은 인형극에 참여하면서
다른 사람과의 관계 속에서
'나'를 발견하는 기회를 얻기도 하고,
자기보다 힘이 약한 존재에 대한 보살핌의 마음도 기른다.

현된 인형 얼굴을 바라보며 기쁠 때, 슬플 때, 우울할 때 등 자신의 감정 상태에 따라 자신의 마음을 읽어주고 공감해주는 살아 있는 생명체로서 인형을 바라본다. 아이들은 한 땀 한 땀 정성들여 만든 인형에서 따뜻함을 느낀다. 친환경 자연 재료는 아이들에게 따뜻한 감촉과 안정감을 느끼게 해준다.

인형극은 꼭 전문가가 아니더라도 누구나 쉽고 재미있게 할 수 있는 예술 활동이다. 또한 관객과 인형을 움직이는 사람 모두를 환상의 시공간으로 순간 이동시키는 마법의 힘이 있다. 독일의 대문호 요한 볼프강 폰 괴테는 아주 어렸을 때 보았던 인형극에서 영감을 얻어 필생의 걸작 『파우스트』를 집필했다고 회고한 바 있다. 따뜻한 동화 속 나라의 경험이 아이의 미래에 어떤 원동력이 될까 궁금하다.

집에서도 할 수 있는 엄마표 인형극 노하우

- 인형을 움직일 때는 과장되게 꾸미거나 서두르지 않고, 천천히 자연스럽게 움직인다.

- 관객인 아이들을 바라보지 않고 인형을 자연스럽게 움직이는 데에 집중한다. 그래야 아이들이 시선의 마주침으로부터 방해받지 않고 인형의 모습을 바라볼 수 있다.

- 인형이 등장할 때는 아이들이 먼저 걷기를 떼고 말하기를 터득하는 것처럼, 항상 움직임이 먼저 있고 난 다음 이야기가 이어지게끔 한다.

- 엄마의 무릎이나 어깨에 부드러운 색상의 천을 둘러 인형극의 배경을 자연스럽고 입체적으로 연출하면 좋다.

- 펠트나 면과 같은 천으로 간단한 손가락 인형을 만들어주면 아이들도 엄마가 했던 것처럼 인형 친구들과 자기만의 재미난 이야기를 만들어나갈 수 있다. 어른이 보기에는 완성도 없는 이야기처럼 들릴 수 있겠지만 아이들도 나름대로 자신만의 이야기를 뚝딱 잘 만들어낸다.

자기를 표현하는 자리를 마련해준다

발도르프 학교 아이들은 1년에 한 번씩 연극 공연을 한다. 연극 공연을 앞두고 긴장을 할 법도 한데 곁에서 지켜본 바로는 연극 공연을 비롯한 다양한 발표 자리를 앞두고도 솔이와 현이는 긴장하는 모습을 보인 적이 그리 많지 않았다.

"잘하고 못하고를 떠나서 그냥 반 전체가 다 같이 하잖아요. 그래서 나도 '잘한다, 못한다'를 생각하지 않고 내가 하고 싶은 일을 제대로 해내야지 하고 자연스럽게 생각하는 것 같아요."

잘하는 아이 몇 명만 대표로 나서서 무대에 올라가는 것이 아니라 모든 아이들이 자신의 능력에 맞는 역할을 해내는 과정에서 스스로에 대한 자부심과 친구들과 협력하는 마음을 배워나가는 것이 기특하기만 했다.

발도르프 학교에서는 1학년 때부터 노래와 이야기로 구성된 간단한 연극 공연을 한다. 학년이 올라갈수록 연극의 난이도는 조금씩 복잡해지고 어려워지면서 점점 완성도를 높여 나아간다. 연극을 준비할 시기가 되면 아이들은 선생님으로부터 무대에 올릴 새로운 이야기를 먼저 들은 다음, 자신이 무슨 역할을 맡으면 좋을지 고민하는 시간을 가진다. 그다음 담임선생님에게 자신이 하고 싶은 역할을 순서대로 적어 제출한다. 아이들은 역할 배정에 대한 자신의 의견을 선생님께 전달한 후, '내가 과연 무슨 역할을 하게 될까?' 설레는 마음으로 기다린다.

마침내 선생님의 주의 깊은 배려로 역할이 배정되고, 이때부터 아이들은 연극 대본을 보며 어떻게 대사를 하며 무슨 동작을 할까 궁리하기 시작한다. 선생님과 부모님들은 아이들이 연극을 준비하는 동안, 무대를 꾸미는 일과 아이들이 입을 무대의상을 만드는 일을 거들기도 한다. 나도 솔이와 현이 반의 연극 무대를 꾸미는 일과 무대에서 입을 의상을 만드는 일을 항상 즐겁게 했다. 잔손이 많이 가는 일이었지만 그때마다 많은 것을 배웠다.

연극 공연은 발도르프 학교의 연례행사로 아이들이 많은 사람들 앞에서 자신을 자신감 있게 표현하는 자리다. 또한 여럿이 함께 노력한 협동 예술의 아름다움을 나누는 자리이기도 하다. 연극 공연을 마치고 난 아이들의 표정은 무언가를 해냈다는 성취감으로 흐뭇한 기색이 역력하다.

연극 공연과 더불어서 발도르프 학교에는 학년별로 아이들이 자신의 기량을 많은 사람들 앞에서 펼치고 표현하는 자리가 다달이 있다. 시험이나 성적표가 없는 대신 한 달에 한 번씩 아이들이 배우고 있는 내용을 발표하는 학교 전체 모임이 그것이다. 우리나라의 학예회 같은 것이라고 보면 된다.

소박하면서도 정갈하게 꾸며진 무대에 오른 1학년들은 쑥스러워하면서도 수업 시간에 배운 노래를 나무 리코더로 연주한다. 1학년들의 첫 무대는 언제나 큰 환영을 받는다. 2학년 아이들은 준비하고 있는 연극의 한 장면을 짤막한 율동을 곁들여 보여준다. 이 시기는 생활의 양면성을 배우는 시기로 아이들은 선생님이 들려주는 훌륭한 성인聖人의 이야기와 이솝 우화 사이에서 인간의 모순된 양면성을 느끼기 시작한다. 아이들은 성인 이야기의 주인공처럼 정직하고 의젓하게 행동하다가도, 이솝 우화의 여우처럼 친구들에게 심술궂게 굴거나 잔꾀를 부린다. 이렇게 상반되는 이야기를 받아들이면서 아이들은 다양한 인간군상과 생활상을 바라보며 삶의 균형과 조화를 찾아나간다.

3학년 아이들은 제2외국어인 스페인어로 된 노래를 율동과 함께 보여준다. 참고로 발도르프 학교는 1학년 때부터 제2외국어를 배운다. 현이와 솔이가 다녔던 샤이닝 마운틴 발도르프 학교에서는 아이들이 제2외국어로 독일어와 스페인어를 일주일에 두 번씩 배웠다.

아이들의 자연스러운 성장 발달을 따르는 교육을 지향한다는 발도르프 학교에서 영어도 아닌 제2외국어를 가르친다니 무슨 말인가 싶기도 할텐데 발도르프 학교에서 제2외국어를 가르치는 목적은 외국어 능력의 기능적 향상이 아니라 어렸을 때부터 다른 언어를 '듣게' 하는 데에 있다. 단순히 어학 실력을 위함이 아니라 자기 문화와 다른 문화를 동시에 체험함으로써 유연한 사고 능력과 열린 태도를 갖추게 하려는 것이다.

4학년 아이들은 붉은빛이 도는 구리 봉을 들고 나와 원을 만들어 리드미컬하게 율동을 한다. 아름다운 피아노 선율에 맞추어 안으로 모였다가 바깥으로 흩어지면서 구리 봉을 위, 아래, 왼쪽, 오른쪽으로 움직이는 간단한 몸동작을 보여준다. '아름답고 조화로운 리듬'이라는 뜻을 가진 '오이리트미Eurythmy'다. 오이리트미는 발도르프 학교에서만 체험할 수 있는 독특한 프로그램이다. 오이리트미는 슈타이너와 그의 부인 마리가 함께 만든 독특한 예술 활동으로, 소리나 언어를 몸으로 표현하는 동작 활동이다. 솔이는 이

오이리트미 몸짓을 표현한 그림 ©C. Andrade

오이리트미 수업을 좋아했다. 남자아이들 가운데에는 오이리트미를 왜 하는지 모르겠다며 재미없어 하는 아이들이 더러 있기도 하다. 그래서 언젠가 솔이에게 오이리트미 수업이 왜 재미있는지 물어본 적이 있다.

"음, 처음에는 이 동작들을 왜 해야 되는지도 모르겠고 그냥 선생님을 따라서 했어요. 그런데 그렇게 한참을 하다보면 문득 내 동작들은 각이 지고요, 딱딱하게 끊어지고 있다는 느낌이 들더라고요. 그래서 좀 더 자연스럽게 잘 해보자는 생각으로 동작 하나 하나에 집중하다보니 내 몸이 물 흐르듯이 자연스러워지고 가벼워지는 것을 느끼게 됐어요. 엄마, 나는 그 순간이 너무 좋아요. 나 스스로도 놀랄 만큼 몸이 움직이는 그 순간에 집중하게 돼요."

5학년 아이들은 반 전체가 나와 합창을 한다. 6~8학년 아이들은 제법 그럴싸하게 바이올린과 첼로를 비롯해 여러 악기가 어우러진 오케스트라 연주를 한다. 발도르프 학교에서는 3학년 초부터 바이올린이나 첼로 가운데 하나를 선택해 일주일에 두 번씩 배운다. 처음에는 미숙했던 아이들의 연주도 오랜 기간 동안 반복적인 연습이 더해지게 되면 어느 순간 유명 교향악단 못지않은 훌륭한 연주 실력을 뽐내게 된다. 여기에 관악기를 연주하는 5~8학년 그룹 공연도 이어진다. 마지막으로 9~12학년 고등학생들로 구성된 아카펠라 그룹은 멋들어진 화음을 뽐내 큰 박수갈채를 받는다.

기량이 성숙한 고학년들의 발표를 보면서 저학년들은 '아, 우리도 크면 저러한 것을 배우는구나!' 하고 알게 된다. 고학년들은 저학년들의 활동을 보면서 옛날의 기억을 더듬어보며 '아! 나도 저랬었지' 하고 추억한다. 축제의 자리는 그렇게 서로가 학교 공동체 안에서 긴밀히 연결되어 있음을 확인하고 나누는 자리이기도 하다.

남편과 나는 늘 부모의 자리에 앉아 아이들의 축제를 지켜보며 '만약 나도 어렸을 때 저런 활동을 해봤다면 어땠을까?' 하는 생각에 잠기곤 했다. 반에서 몇 명만 선별되어 대표로 나가는 것이 아니라 반 전체 학생들 모두가 함께 노래하고 시를 낭송하고 악기 연주를 하며 어울리는 자리라니 얼마나 멋진가! 구성원 모두가 관객이자 무대의 주인공으로 나서는 자리, 모두가 주인이 되는 자리가 보다 더 많은 교육 공간에서 만들어지면 얼마나 좋을까 소망해 본다.

아빠의 자리를
언제나 남겨두어라

하루는 방과후 활동으로 초등학교 아이들과 보통 때와 달리 늦은 시간까지 수업을 했다. 창밖 너머로 어둠이 몰려오니 한 여자아이가 "선생님 바깥이 깜깜해졌어요. 깜깜해지니 아빠 생각나요" 라고 말했다. 그러자 교실에 함께 있던 여덟 명의 아이들이 서로 맞장구를 치며 너도나도 아빠 이야기를 하기 시작했다.

"어두워지니까 아빠가 보고 싶어요."
"아빠가 여기로 저를 데리러 와서 집에 같이 가면 좋겠어요!"
"우리 아빠는 만날 집에 늦게 오세요."
"저는 아빠가 지방에 계셔서 일주일에 한 번밖에 못 봐요."

깜깜한 밤이 되니 아이들 머릿속에서는 자연스레 아빠가 떠오르고, 아빠가 오늘은 집에 일찍 왔으면 좋겠다고 이야기하는 현실. 대한민국 엄마 아빠라면 누구나 공감할 상황 아닌가. 나 역시 대한민국 아빠들의 과중한 업무량을 모르는 것은 아니지만 일 때문에 바쁜 아빠들을 위해 꼭 해주고 싶은 말이 있다.

짧은 시간이라도 하루에 한 번, 일주일에 한 번은 아이들과 함께 하는 정해진 시간을 갖고, 그 시간만큼은 밀도 있게 아이들과 함께 해주었으면 한다. 피곤에 절은 몸을 쉬기도 모자란데 아이들과 부대끼라는 말이 곤란하게 들릴 수 있다는 것은 안다. 하지만 아이가 지금의 모습으로 머물러 있는 시간은 그리 길지 않다. 지금의 시간이 돌아오지 않을 시간이란 사실을 떠올리면 새삼스레 현재의 순간에 집중하게 된다.

정말 물리적으로 시간적 여유가 없다면 최소한 일주일에 한 번은 시간을 내서 일요일 오후에 짧게라도 등산을 함께 한다거나 간단한 놀이를 함께 하는 시간을 만들어 지속적으로 이어나가보자. 아이들은 일주일이라는 주기적 리듬 안에서 아빠와 함께 하는 그 시간을 기다리는 즐거움도 갖게 된다.

세상의 모든 딸에게는 두 종류의 아빠가 있다고 한다. "나는 커서 아빠 같은 사람하고 결혼 할래요" 하는 아빠와 "나는 커서 아빠 같은 사람하고는 절대 결혼 안 할래요" 하는 아빠다. 딸에게 아빠는 생애 첫 이성으로서 첫 번째 롤 모델이 되어준다. 딸이 있는 아빠라면 나는 과연 우리 딸에게 훗날 어떤 아빠로 불리게 될지 돌아볼 필요가 있다.

나는 이 두 가지 가운데 전자였다. 나는 아버지를 참 좋아했다. 지금도 내 마음 한 구석에는 어렸을 때 아버지와 등산 다녔던 일, 함께 책을 읽었던 일, 해변에서 같이 놀았던 일처럼 아버지와의 추억이 소중하게 남아 있다. 아버지는 내가 대학 졸업하던 해에 뜻밖의 교통사고로 돌아가셨는데 아버지의 죽음으로 인해 나는 아버지의 존재를 더욱 강렬하게 인식하게 됐다. 아버지의 존재가 뒤에서 묵묵히 나를 튼튼하게 지탱해주는 바람막이였다는 것을, 그리고 아버지의 죽음으로 그 뿌리가 심하게 흔들린다는 사실도 말이다.

남자아이들을 키운다면 아빠와 함께 보내는 시간의 중요성이 더욱 커진다. 남자아이들은 몸으로 부딪치면서 노는 육체적인 활동을 무척 좋아한다. 남자아이들은 집에서 아빠와 거칠게 몸싸움을 하면서 신뢰하는 관계 속에서 공격적인 에너지를 발산할 기회를 충분히 가져야 한다. 그러면서 남자아이들은 정서적으로 안정을 찾는다.

내가 젊은 아빠들로부터 들은 말 가운데 가장 충격적인 말은 '엄마가 교육을 전적으로 책임지고, 아빠는 돈 잘 벌어오면서 무관심해야 아이가 오히려 잘 큰다'는 말이었다. 그러나 엄마가 할 수 없는 아버지의 역할이 분명히 있다. 아빠의 역할과 자녀의 학업 성적과의 영향력에 대한 옥스퍼드대학의 연구에 의하면 아빠가 자녀들의 양육에 적극적으로 참여할수록 자녀의 학업 성취도에 긍정적인 영향을 미쳤다고 한다.

제2차 세계대전이 한창 막바지로 치닫던 시기에 처칠은 전쟁 지원을 위해 예술과 관련된 예산을 삭감할 것을 요구받는다. 그때 처칠은 이렇게 간단히 대답했다고 한다. "그러면 우리가 무엇을 위해 싸웁니까?" 반세기 전 그가 했던 말을 조금 바꿔서 우리 아빠들에게 다시 던져야 할 것 같다. "우리가 지금 무엇을 위해 일을 하고 돈을 법니까?"

아빠의 역할과 자녀의 학업 성적과의 영향력에 대한
옥스퍼드대학의 연구에 의하면
아빠가 자녀들의 양육에 적극적으로 참여할수록
자녀의 학업 성취도에 긍정적인 영향을 미쳤다고 한다.

엄마표 생활예술 놀이 4

엄마 품처럼 따뜻해요 - 양모 공예

내가 아는 지인 중 한 사람은 양모 공예를 배우고 나더니 이 양모 공예를 '용서하는 예술'이라는 아름다운 단어로 표현했다. 엄마 품처럼 따뜻하고 부드러운 재료인 양모는 잘 엉기는 특성이 있다. 우리 눈에는 잘 보이지 않지만 양모의 표면에는 수만 개의 비늘들이 있어서 열과 습기와 같은 외부 마찰이 가해지면 비늘들이 서로 엉기면서 단단한 뭉치가 된다.

양모 공예는 양모를 일정한 크기로 뜯어 돌돌 말아준 뒤 모양을 만들어 가는 방식이기 때문에 어린아이부터 어른들까지 쉽고 재미있게 자신만의 개성을 담은 작품을 만들어낼 수 있다. 온라인 쇼핑몰 등에서 '양모 펠트'로 검색하면 색색의 양모를 쉽게 구할 수 있다. 양모를 뭉칠 때 따뜻한 비눗물을 손에 묻혀 작업하면 훨씬 더 수월하게 뭉칠 수 있다.

양모로 만든 다양한 아이들 놀잇감